湛庐CHEERS

与最聪明的人共同进化

HERE COMES EVERYBODY

CHEERS
湛庐

身体的问题，肠知道

Gut Renovation

[美] 拉施妮·拉杰 著
Roshini Raj

张艳娟 译

浙江科学技术出版社·杭州

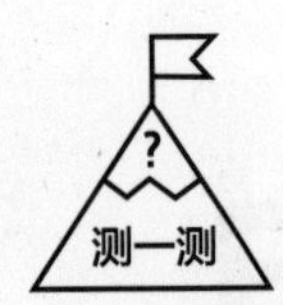

你会保养自己的肠道吗

扫码激活这本书
获取你的专属福利

- “所有的疾病都始于肠道”这句话出自：（ ）

A. 孙思邈

B. 希波克拉底

C. 盖伦

D. 德谟克利特

扫码获取全部测试题及答案，
一起了解让肠道健康的秘诀

- 肠和大脑进行信息交换的途径是：（ ）

A. 激素、神经递质、免疫系统、菌群代谢物、迷走神经

B. 激素、神经递质、免疫系统、迷走神经、下丘脑

C. 激素、神经递质、肾上腺、菌群代谢物、迷走神经

D. 激素、神经递质、肾上腺、下丘脑、迷走神经

- 坚持健脑饮食的人群患阿尔茨海默病的风险只能降低10%，这是对的吗？（ ）

A. 对

B. 错

扫描左侧二维码查看本书更多测试题

谨以此书献给我亲爱的爸爸——我走的每一步都有您的陪伴，我亲爱的妈妈，基伦（Kiren），迪朗（Dilan）和马尼什（Manish），是你们的爱给了我写这本书的力量。

GUT 前言
RENOVATION

你的身体是一座
需要常常焕新的房子

总有人问我：是什么让你决定成为一个胃肠病学家的呢？答案听起来或许有些奇怪，那就是我喜欢从患者的身体内部来寻找问题并当场解决。这对于我处理一些非常严重的疾病显得尤为重要，如癌变的结肠息肉或出血性胃溃疡等。即使对于那些没有生命危险的患者，探究人体的内部运作情况，研究我们自身的天然身体机能，也同样令我着迷。

我的患者有男性也有女性。但是由于很多女性患者更愿意选择一位同性的胃肠病医生，我的患者中女性占大多数。作为一个经历过青春期、怀孕和分娩，并即将走向更年期的女性，我能够与那些患者产生共鸣。我本人也有因为吃了变质的食物，而跑了一晚上卫生间的经历。同大多数女性一样，我了解腹胀、恶心、便秘和痛经的感觉。同时，感谢我的两个孩子，他们让我深刻地体会了痔疮的痛苦。（需要澄清一下，我并没有说我的孩子是痔疮——至少不会当着他们的面这样说。）

作为纽约大学郎格尼医学中心（Langone Medical Center）胃肠科兼

内科医生，我要对患者进行从头到脚的检查。这样，我不仅可以了解他们的外表是如何衰老的，还可以通过内窥镜或者结肠镜探查他们的身体内部情况。对于我来说，见到一位 50 岁的患者出现 70 岁的人才会有的健康问题并不稀奇，反之亦然。然而，患者外表的差异却显而易见。当看到患者站在我面前时，我通常会对患者的外表和他们填写在表单上的年龄进行再次确认。我总是想找到那些加速或者延缓人们衰老的原因或者行为习惯。我向那些年龄逐渐增长却仍然保持青春活力、身体健康的人学习，并想帮助那些过快衰老的人。实际上，还有一个原因，那就是作为刚过完 50 岁生日的女性，不管是自身需要还是工作需要，我都非常愿意收集与衰老相关的秘密。

每天，我都会看到人们因为不良的饮食习惯和生活方式而面临困境。许多人认为，他们衰老的方式或者他们能活多久并不由他们自己掌控，其实，这种想法是错误的。遗传因素对人寿命的影响只有 20%～30%，也就是说，相较于遗传因素对人寿命的影响，人对衰老速度的掌控能力其实比自己想象的要高得多。这听起来可能有些吓人，但却是一个好消息。这里的秘密就在于做好自己的肠道健康管理。

肠道健康比我们想象的还要重要

我在本书中所推荐的一些方法能够在消化系统状况、慢性病、癌症以及人的精神面貌等方面带来实实在在的改善效果。肠道菌群的平衡是基础，不仅能够提高免疫力，还可以使我们少受甚至免受随着年龄增长而出现的慢性病的困扰，避免出现过早衰老和一系列的健康问题，从而达到延长寿命的目的。换句话说，只要通过正确的方法来对消化系统进行健康管理，我们就可以延缓衰老。

我热爱我的职业，做胃肠病医生的时间越久，其中的收获也就越多，这在最近几年已经开始体现出来。大量的研究表明，肠道菌群具有惊人的作用——这是一个由大量的细菌和真菌组成的菌群，寄居在肠道中，其影响波及我们身体各个部位。

肠道菌群在人体内到底是如何发挥作用的呢？肠道菌群做出怎样的改变才能延缓衰老呢？肠道菌群在免疫系统中扮演着怎样的角色呢？更重要的是，我们应该怎样优化肠道菌群并让身体达到最健康、最年轻的状态呢？这些就是本书讨论的问题——帮助人们了解神奇的科学，并将其运用到日常生活中，让自己能够最大限度地延缓衰老，让自己看起来更有精神，并且生活得更美好。

为生物钟的重建做出必要的改变

在本书中，我介绍了“游戏改变计划”（game-changing program），通过该计划，人们可以改善肠道菌群，提升消化能力，增强免疫力，改善情绪并增强活力。通过将实际的临床经验和最新的肠道菌群研究相结合，我为人们提供了清晰且容易掌握的建议，方便人们更好地理解和实践，为生物钟的重建做出必要的改变。关键是对菌群逐步做出改善。

我知道，这听起来很疯狂——但是，请听我把话说完。我经常和我的患者说，请把自己的身体想象成一座房子。想要住得安全并且舒适，房子需要做定期的保养和基本的维修。但是，如果想把房子变成自己想象中的样子，就需要对房子进行全面的改造。拆掉旧的、过时的家具，对房子进行重新装修，这个过程或许有些复杂，并且需要投入一些时间和精力，但是当房子变成一个让人长期居住都很愉快的地方时，你所有的付出就都值得了。

为患者量身定制体验感最好的策略

这本书凝聚了我作为一名胃肠病医生多年的心血，提供了我为患者量身定制的体验感最好的策略。所有的方法我本人在生活中都尝试过，并且看到了其中产生的有益变化。通过使用合适的方法，可以让我们每个人都获得很棒的感受，去期待一个充满活力的未来，并且随着年龄的增长，会变得越来越好。亡羊补牢，为时未晚，让我们重新设定一下生物老龄化的进程吧——越早越好。这就是我为什么说，从现在开始肠道焕新，就能拥有光明的未来。

在本书中，我制订的计划可以帮助人们保护内部生理系统，保护细胞免受伤害，并在必要时启动细胞修复程序。我解释了菌群在维持身体健康的各个方面所起到的重要作用，并说明了现代人的饮食和生活方式是如何让我们的肠道菌群平衡变得岌岌可危的。

作为一名医生，我必须说明的是，虽然本书中所写的大部分方法对每个人都有益，但是大家在对饮食、锻炼方法和生活方式做出任何重大的改变之前，最好先咨询专业医生。

从诸多方面来说，现在就是我们开始肠道焕新的最好时机。2019 年年底暴发的新型冠状病毒疫情对我们的生活产生了巨大的影响，我们不得不以新的视角来看待健康和死亡问题。它让我们意识到，我们的饮食、锻炼方法和压力管理策略都需要做出改变。现在，我们比以往任何时候都更需要将健康放在首位，提升对抗疾病和衰老的能力。同时，我们需要正视“流行病的重击”、心理健康问题的激增、长期的新型冠状病毒感染后遗症以及在隔离条件下出现的其他不健康的后遗症，这些都是我们医生在出诊时所遇到的问题。现在真的是人们彻底改造肠道、恢复活力和重置衰老时钟的最佳时机。

在这段旅途中，你不会孤单！我会逐步对你的身体改善做出指导，以此来重塑你的肠道和健康。我们将在细胞等微观层面减缓人们的衰老进程，让人们走向更有活力的未来。肠道焕新的最终结果是让人们更健康、更年轻，让人们活得更长久，也更快乐。我知道，这是一个雄心勃勃的计划，但是我有信心我们能够完成。让我们开始吧！

GUT RENOVATION 目录

前　言　你的身体是一座需要常常焕新的房子

第1章　与“总承包商”会面
菌群　**001**

菌群平衡与多样化的重要性　004
菌群失调引发的不适　005
肠屏障功能下降　006
身体的免疫系统　007
炎症与肠道菌群　010
肠道菌群与新型冠状病毒　012
益生菌与益生元　013

第2章　健康的“建筑师”
大脑　**019**

肠道神经即第二大脑　020
肠和脑相互影响　021
肠道菌群与抑郁症　025

肠道菌群与偏头痛 026
神经系统变性疾病 027
如何延缓大脑老化 028
肠道焕新小妙招 031

第3章 吃出健康好身体，保持年轻好心态
厨房 **033**
健康的饮食是什么样的 034
健脑饮食 036
肠道菌群与饮食 037
膳食纤维，喂养我们的肠道菌群 039
益生菌，对抗衰老最有力的武器 042
植物营养素，免受自由基的伤害 043
厨房新工具，绿茶与红酒 044
加工类肉，增加患癌风险 046
如何储备好的脂肪 047
如何摄入足够的蛋白质 048
减肥，从改善肠道菌群开始 051
特殊饮食，消化系统疾病患者的福音 052
餐厅，在放松的环境里专注地吃 055
肠道焕新小妙招 057

第4章 消除问题
卫生间 **059**
便秘 062

腹泻 065
打嗝、腹胀和排气 068
肠易激综合征 070
痔疮 073
憩室病 075
结肠镜检查与结肠癌筛查 076
大便检测 078
卫生间焕新 079
肠道焕新小妙招 081

第5章 美丽不仅仅浮于表面
化妆间 **083**

衰老与皮肤 086
内在健康，外在发光 087
皮肤抗皱 089
肠道菌群与皮肤 092
战胜头皮屑 093
扰乱皮肤菌群 095
益生菌与我们的皮肤 096
肠道焕新小妙招 097

第6章 锻炼让时间倒流
家庭健身房 **099**

为什么要锻炼 100
肠道菌群与锻炼 101

久坐的危害等同吸烟 102
锻炼的类型 103
肠道菌群与肌肉 106
肠道菌群与骨骼 107
肠道菌群与关节 108
肠道焕新小妙招 110

第7章 禅之角 **111**

肠道菌群与心情 113
肠道菌群与婚姻 115
食物与情绪 116
日常压力管理 117
排毒数码 118
冥想 119
积极的自我对话 122
肠道焕新小妙招 124

第8章 睡出健康
卧室 **127**

不打盹，你就输了 128
人为什么要睡觉 130
褪黑素与睡眠 131
肠道里的“睡衣派对” 132
消化与睡眠 134
时差 135

失眠 136
午睡 137
远离睡眠杀手 139
卧室焕新 140
另一项卧室活动 142
肠道焕新小妙招 143

第9章 健康的肠道，健康的孩子
儿童房 **145**

肠道菌群与孕育环境 147
肠道菌群与孕期 147
肠道菌群与产后抑郁 148
肠道菌群与母乳喂养 150
泥土不伤人 151
肠道菌群与孤独症 154
小肚子有大影响 156
肠道焕新小妙招 158

第10章 家庭的“排毒房”
洗衣房 **159**

我们可能太干净了 160
肠道菌群与清洁产品 162
抗生素耐药性的预防 163
环境中的化学物质 165
室内空气质量 166

有机食品 167
非处方药 168
减少酒精摄入量 169
请勿吸烟 171
肠道焕新小妙招 171

第11章 肠道焕新计划起居室 **173**

肠道焕新饮食计划 175
肠道焕新健身计划 181
肠道焕新心灵计划 183
肠道焕新睡眠计划 185
肠道焕新美容养生法 186

第12章 肠道焕新总计划 **189**

肠道焕新锻炼周 190
肠道焕新食谱 198

参考文献 241

GUT RENOVATION

第1章

与“总承包商”会面

菌群

在我们开始逐步进行肠道焕新之前，我想先介绍一下“总承包商”，也就是在这次肠道焕新中发号施令的“老板”——菌群。菌群是生活在人的体内和体表数以万亿的细菌及真菌的总称。虽然用肉眼看不见它们，但是菌群遍布我们的全身——从皮肤到生殖器，再到结肠，甚至连我们的耳朵和眼睛都有各自的菌群。

就像总承包商负责家庭装修的各个方面一样，菌群几乎影响着健康的方方面面。并且，与总承包商负责各项工作一样，菌群的很多工作都是在幕后进行的。同时，菌群中的所有微生物都是你的身体不可或缺的一部分。人体有 20 000 ～ 25 000 个基因，而人体的菌群的基因数量多达 800 万个。仅肠道中的菌群就大概有 4 磅①。相比之下，人的大脑也只有 3 磅左右。只要人类存在，生活在其体内和体表的细菌就会存在，所以人不仅仅是一个“人”，更是一个超级有机体。每个人身上的菌群都不同于其他任何人。即使是双胞胎，他们身上的菌群也像指纹一样各不相同。

我们是如何知道这些的呢？在 2007 年，美国国家卫生研究院（National

① 1 磅约等于 0.45 千克。——编者注

Institute of Health）发起了一项名为“人类菌群工程”的研究计划，旨在识别和标记人类肠道菌群的组成。感谢这些勇敢的研究人员，他们为此检测了大量的粪便。该项目的研究不仅让人们对肠道内正在酝酿的东西有了更多的了解，而且启动了菌群环境改善方面的研究，用来探究这些菌群是如何在我们体内发挥作用的。

那么这些菌群有什么作用呢?

答案是作用很多，其中最基本的是菌群使我们健康地活着。肠道（小肠和结肠）中的菌群能够影响人的所有身体机能，帮助我们消化食物、吸收生存所需要的营养物质，并生成一些身体所依赖的维生素，是对人体非常有用的“客人”。不仅如此，它们还能提高人体免疫力，生成抗炎化合物，产生影响心情和认知的神经化学物质，并以其他各种方式帮助我们保持健康——这些都将在本书中讲到。

2000 多年前，希波克拉底[①] 曾说:“所有的疾病都始于肠道。”而现代医学似乎正在证明他说的是对的。研究表明，体内的有益菌能够影响一切——从体重到患肥胖相关疾病的风险（如 2 型糖尿病等），从慢性炎症（如慢性肠炎）到心脏病，从心理健康问题（如抑郁症和焦虑症等）到与年龄有关的肌肉骨骼疾病（如骨质疏松症和肌少症等）。

我们同样清楚的是，这种影响是双向的。肠道菌群不仅会影响人们的身体健康，同样也会受到人们的生活方式和身体健康的影响。

---

① 希波克拉底（Hippocrates，前 460—前 370 年）：古希腊伯里克利时代的医师，被西方尊为“医学之父”，西方医学奠基人。——译者注

菌群平衡与多样化的重要性

说到细菌，我们常常会把它与感染或疾病联系在一起。我也一样，每天会花费大量的时间和精力去洗手、清洁物体表面、对设备进行消毒，以此来清除细菌。在任何可以传播有害菌的环境中，这样做都是正确的。

然而肠道环境不同。人体内的细菌大部分都是有益菌，而非有害菌。在一个健康的肠道环境中，大概 85% 的细菌都是有益菌，这也就意味着还有大量的有害菌在四处游荡，寻找机会繁殖并试图打破这种平衡。我们体内的细菌无论是在种类上还是在数量上，都会因为繁殖和死亡而自然地发生变化。如果肠道平衡被打破，人们就可能会有一两天感觉不适，但通常会在还没有明显难受的感觉的情况下就自行修复了。

人们永远不可能完全摆脱有害菌（我称之为不友好的细菌）。但是，通过正确的护理方式和生活习惯，人们可以最大限度地发挥有益菌的作用——抑制有害菌，防止其大量繁殖。如此也就无法对人体造成伤害了。

有时有害菌确实会占上风，破坏肠道平衡。这可能是因为人们在不知情的情况下，吃了被沙门菌或大肠杆菌等有害菌污染的食物，引发了消化系统问题。在经过几天的呕吐或腹泻之后，人体的免疫系统会彻底清除这些有害菌，有益菌会再次接管人体，届时人体的消化系统也会恢复正常。

偶尔，这些有害菌也会挥之不去，消化系统也就需要更长的时间才能恢复正常。又或者，这些有害菌并没有导致实际的疾病，但是它们会排挤有益菌，导致有益菌的数量大幅减少。菌群根据饮食和环境的不同以令人难以置信的速度动态变化着。因此，持续的坏习惯会导致肠道中的菌群平衡被频繁打破。随着菌群的平衡性和多样性被破坏，人体的健康状况也会恶化，那时我们要面临的问题就是菌群失调。

菌群失调引发的不适

现代生活并没有让肠道菌群变得更活跃。相反，我们一直在做一些菌群并不喜欢的事情，排在首位的就是饮食。大多数美国人在食用一些美其名曰“标准美国饮食”（standard American diet）的食物。这类食物绝大多数高热量、低营养、过度加工、高盐、高糖、高油。它们占据了人们一半以上的饮食选择。除了不良饮食习惯之外，酒精、抗生素和某些药物，以及有害的环境、睡眠不足或压力过大，都会对肠道菌群造成破坏。这些不良因素会让菌群陷入无法自我修复的失衡状态。人们偶尔会感觉消化系统不正常，但是因为症状不明显且时好时坏，往往会选择忽略或者自行服用一些非处方药物了事。

当菌群的多样性大幅减少或者有害菌大量繁殖时，就会发生菌群失调。菌群失调的症状因人而异、因时间而异，甚至同一个人在不同时间的症状都不相同，最常见的消化道症状包括胃部不适或恶心、便秘、腹泻、胀气和腹胀。人们也可能会表现出乏力或者大脑受损的症状，如脑雾，即大脑难以形成清晰的思维和记忆，注意力无法集中，感到焦虑和抑郁。

当然，并不是每个人都会出现以上症状。这些症状也会因为人们的患病严重程度和患病频率表现出很大差异。即使没有任何消化系统症状，菌群失调仍然会在很多方面对身体造成损伤。从皮肤病到糖尿病，这一切疾病的发生都与菌群失调有关。

在本书中，我们将讨论菌群和肠道健康如何与我们生活的方方面面相互影响，以及预防和修复菌群失调的策略。通过改善饮食和服用益生菌来重建更好的肠道菌群环境就是非常重要的策略。当然，你会学到更多改善肠道环境的方法。

肠屏障①功能下降

当食物到达小肠时，基本上是半流质状态，其中可能含有人们不小心食入的有毒物质。我们希望肠道只吸收食物中的营养成分，但显然这不太可能。小肠内的上皮细胞排列紧密，就像地铁站的墙面瓷砖那样，细胞之间只有很小的空隙。这些空隙刚好可以让已被消化的食物分子、水分和微量营养物质通过，同时阻止较大的分子和其他物质进入血液。如此，紧密连接的小肠上皮细胞就构成了一道重要的屏障，以防止肠道中的有毒物质和其他分子进入血液，从而避免炎症的发生。肠道中的有益菌能够在肠壁上分泌保护性黏液、产生使上皮细胞紧密排列的化合物，这都有助于加固肠屏障。

但是，如果这种屏障被破坏了怎么办呢？当肠道细胞间紧密连接处的空隙太大或者打开时间过长，又或者精密的小肠壁上出现了细微的小孔或者缝隙时会怎么样呢？这时就会出现肠黏膜通透性②问题——肠漏。

当出现肠漏问题时，较大的食物分子、细菌和肠道内的其他物质会渗透到血液中。我们的免疫系统会发现这些进入血液中的危险入侵者，并做出免疫反应。免疫反应会引发炎症，进而导致许多与菌群失调相同的症状，如腹胀、恶心和腹痛等。如果持续时间过长，肠漏引起的慢性炎症可能会引起自身免疫性疾病，如类风湿关节炎；或其他慢性疾病，如糖尿病、心脏病。肠漏引起的慢性炎症还会导致无法消除的食物过敏症状。

① 肠屏障：肠道防止肠腔内的有害物质（如细菌和毒素）穿过肠黏膜进入人体内其他组织器官和血液的结构及功能的总和。——译者注

② 肠黏膜通透性：肠内食物通过时，肠壁有选择性地允许某些物质通过特定分子通道而被吸收的性能。——译者注

是什么破坏了小肠黏膜的完整性呢？原因之一就是长期的菌群失调。低营养、低膳食纤维的饮食习惯会引发有害物质对肠道的不断攻击，进而导致肠漏，这些有害物质包括加工和包装食品中所富含的人造甜味剂、防腐剂、食品添加剂、食用色素、乳化剂和残留农药；酒精也会对我们的肠道造成损害；每天接触的外界有毒物质，如被污染的空气、清洁用品、化妆品、个人防护用品、防火材料、织物柔顺剂及其他物质，都会对我们的肠道造成伤害；一次严重的食物中毒或者肠胃炎甚至会造成肠黏膜通透性恶化。

针对癌症和其他一些严重疾病的放射治疗及一些特效药的使用也可能会引发肠漏。如果患者原本就有一些基础疾病，如乳糜泻[①]、克罗恩病[②]，那么就更有可能患上肠漏，因为这些疾病所引发的炎症会直接攻击肠黏膜。当然，引发肠漏的原因还有我们所熟知的消化系统健康“杀手”——压力。

既然我们知道肠漏由多种原因引起，我们就可以从源头进行控制。毕竟，我们是自身菌群的“总承包商”。增加有益菌的数量和恢复菌群的多样性需要我们提高肠黏膜的连接能力，并生成更多的保护性黏液——这两种方法都可以巩固并增强肠道屏障功能。

身体的免疫系统

自始至终，我们的消化过程都有菌群参与。这些菌群非常重要，它们存在于长长的消化道中，保护身体其他部位不受感染。当然，免不了有些

① 乳糜泻：一般指麦胶性肠病，是非热带性脂肪泻，在北美、北欧的一些国家和地区发病率较高，在国内很少见。——译者注

② 克罗恩病：一种原因不明的肠道炎症性疾病，在胃肠道的任何部位均可发生，但多发于末端回肠和右半结肠。——译者注

细菌想“逃”出消化道。不要担心，我们的身体已经做好了准备，至少有70% 的抗感染免疫细胞存在于肠道之中。我们可以把它们想象成身体的警报系统。

有一个警报系统是件好事，不是吗？毕竟，我们需要肠道免疫系统来追踪这些坏的微生物。但是，家里有警报系统的人都会知道，警报系统很可能会发出错误的警报。一旦发出错误警报，免疫系统就会攻击自己，引发免疫系统疾病。理想状态下，身体的免疫系统能够达到一种平衡，既能够允许一些坏的微生物存在，又能够在坏的微生物到达危险水平时快速做出反应。我们称这种平衡为免疫耐受[①]。保持免疫耐受最好的方式是保持肠道菌群的多样化。肠道菌群的多样化可以帮助免疫系统区分哪些菌群需要攻击、哪些菌群不需要攻击，区分哪些是入侵者、哪些是自身细胞。

当免疫系统确实需要做出反应时，一系列复杂的程序就会被触发。想象一下，你正在做晚餐，切洋葱时不小心切到了手指。像其中一个安全设施被破坏时就会触发警报系统一样，我们身体的警报系统也会快速做出反应：周围环境中的细菌会立刻进入伤口，免疫系统启动，将它们排出体外。伤口周围开始肿胀、流血、发热，身体会感到疼痛，所有这些都是急性炎症的症状。具体来说，就是第一个到达伤口处的免疫细胞会释放化学信号，促使伤口周围的血管开始流血，而排列在血管上的细胞会稍微张开一点儿空隙，使更多的免疫细胞、血小板（用于凝血）和血液涌到伤口附近。这会使伤口变得更加肿胀。

就像警报系统发出信号需要支援一样，我们的身体在发出信号后也需要支援。涌入的免疫细胞开始释放更多的化学信号，我们称之为细胞因子。细

① 免疫耐受（immune tolerance）：对抗原产生特异性应答的 T 细胞与 B 细胞在抗原刺激下，不能被激活，无法产生特异性免疫效应细胞及特异性抗体，继而无法执行正常免疫应答的现象。——译者注

胞因子的信息有助于控制炎症反应，并会在伤口处调集更多的免疫细胞，来杀死入侵的细菌。

如果伤口很小，免疫系统可以轻易地杀死任何入侵的细菌。在伤口愈合前，手指可能会出血、肿胀和疼痛。但是，如果伤口很严重，或者不幸感染了特别危险的细菌，手指可能就会被感染。为了清除入侵的细菌，免疫系统就必须更加努力地工作。细胞因子会调集更多的免疫细胞参与进来，这时身体就会出现发热、浑身无力的症状，这样我们行事的速度就会慢下来，用更多的精力来应对感染。

急性炎症往往会让人有几天感觉不适，但是只要你坚持一下，熬过这几天，炎症反应就会逐渐消失。

急性肠炎的棘手之处在于，虽然它不像手指上的伤口那样显而易见，但是我们的身体会经历相同的恢复机制。肠道会因为痉挛和胀气而变得肿胀、疼痛。肠道无法很好地工作，就可能会引发腹泻，甚至便血。这时，人们就会开始发热，并感觉浑身无力、身上疼、没有胃口。

我们的身体在一刻不停地寻找会对身体造成伤害的物质。免疫系统一直在追踪会让人生病的细菌和病毒，但同时它也会攻击任何被免疫系统标识为入侵物的物质，如因肠漏渗出的未消化的食物分子。

如果炎症不是由感染引起的，而是由菌群失调、肠漏、肥胖、过敏、自身免疫系统疾病或其他原因引起的，从而使免疫系统一直处于一种持续的低级别的警报状态，身体会做出怎样的反应呢？

后果很严重。因为那些只有在身体真正需要时才会释放出来的细胞因子，这时就会被源源不断地释放到血液中。这种慢性炎症——反反复复发生的炎症会持续产生轻微症状。慢性肠炎会让人感觉很不舒服，长时间感到疲惫；关节和肌肉会出现皮疹并伴随酸疼感，令人烦躁和迷茫，甚至出现抑郁情绪。如果患者没有及时得到治疗，慢性炎症就会开始损害那些健康的组织，如动脉、关节和大脑。

炎症与肠道菌群

大多数人提到衰老时，通常会想到花白的头发和满脸的皱纹，或者认为衰老就是体力、精力和头脑灵敏度的下降。相信我——作为一个刚刚过完 50 岁生日的女性，这些衰老的迹象也是我最关心的问题。但是，作为一名医生，我在看到患者群体中有那么多不同的衰老表现后，就对衰老有了更多的认识。拿我的一位 80 岁的患者与一位 52 岁的患者来说，前者好像鞋子里装了弹簧，几乎是跳到检查台上的；而后者拄着拐杖，无精打采，满脸疲惫。我意识到衰老对我们每个人并不是公平的。衰老并不仅仅是身体的正常老化，还包括器官损伤和疾病易感性的增加。换句话说，使我们“变老”的是我们随着年龄增长而积累的疾病，如癌症、心脏病、2 型糖尿病、关节炎等。

那么随着年龄的增长，是什么让我们变得对疾病越来越敏感呢？事实证明，这是一种被称为炎性衰老[①]的现象。随着年龄的增长，我们体内的炎症水平会相应提高。我们可以看到不同年龄阶段的炎症标志物[②]水平是不同的，在老年人体内，该指标升高了 2 ～ 4 倍。但是，并不是每个人的炎性衰老

① 炎性衰老：一个医学上比较新的概念，C. Franceshi 在 2000 年发表的一篇研究文章中首次提出。随着研究不断深入，人们发现它与许多疾病的发生都密切相关，皮肤老化就是其中一个。简单来说，炎性衰老是人体自然衰老进程中体内促炎症反应状态慢性进行性升高的一个现象。——译者注

② 炎症标志物：临床诊断中对炎症性疾病进行判断所依赖的指标。主要指标有 C 反应蛋白（CRP）、血清淀粉样蛋白 A（SAA）、降钙素原（PCT）、白细胞介素 -6（IL-6）。——译者注

程度都会随着年龄的增长而增加，我们发现健康的老年人的炎症水平相对更低，患病次数也更少。

若慢性的、低水平的炎症持续很长时间，它就会对身体的方方面面产生负面影响：从大脑回路到激素，从器官的功能到肿瘤的出现。这时，人们就更有可能患上老年病，如阿尔茨海默病、冠心病和严重的关节炎。而且，与没有慢性炎症的人相比，有慢性炎症的人可能在年纪很轻的时候就会患上这种疾病。事实上，慢性炎症会加快衰老速度，并且这种衰老会发生在很多层面。

通过研究人们体内菌群的种类和数量发现，炎性衰老是判断衰老程度的一个重要指标，通过该指标我们可以准确地推测一个人的年龄，误差不会超过 4 岁。同样，炎性衰老会加速人们外表的衰老，如身体日趋虚弱、活动能力丧失、肌肉萎缩、皮肤出现皱纹。所以，不论是从外在表现还是从自我感觉来说，炎性衰老都在衰老过程中起着至关重要的作用。

导致炎性衰老的大部分慢性炎症都起源于肠道。随着年龄的增长，肠道内的菌群会自然地发生变化，并且菌群种类越来越少，菌群数量也会变少，同时身体还会出现其他问题，如炎症增多。对肠道菌群的最新研究表明，不同年龄阶段的人，其肠道中往往存有不同菌群。人体菌群的独特性往往在 40 岁之后会表现得更加突出，并且因人而异。科学家们最近通过比较 18 ～ 98 岁的人的肠道菌群发现，健康的衰老与一些特定的细菌种群有关。

关于百岁老人和超百岁老人（104 岁以上的老人，让我们先祝福他们！）的研究也显示出相似的结果。相对于年轻人和不太健康的人，这些百岁老人体内拥有更多样化的菌群。菌群时钟的概念不仅听上去让人觉得有意思，其含义也更加明确：如果能够降低炎症水平，我们就能够控制菌群的组成，使其更“年轻”，这就意味着，我们也许可以减缓甚至逆转某些衰老的过程。

这其中很大的一部分都要归功于我们的饮食方式，我们在接下来的几章中会详细介绍。

肠道菌群与新型冠状病毒

在与新型冠状病毒做斗争的过程中，人体的免疫系统会受到刺激，从而引发失控反应。如果在这之前，人们已经患有菌群失调、炎症或慢性疾病如2 型糖尿病，那么免疫系统很可能就会出现过激反应。

为什么人体没有及时“刹车”来减少免疫反应呢？答案可能就在肠道的菌群种类上。最新一项有关肠道菌群的研究分别对健康人群和感染新型冠状病毒的人群做了肠道菌群的对比，发现肠道菌群多样化的感染者症状可能最轻，这是因为他们体内含有大量为我们所熟知的有益菌来帮助其调节免疫系统。而那些体内炎症相关菌群种类多于正常标准的患者往往病情更严重，同时，这些患者体内与正常免疫反应相关的菌群数量低于正常水平。此外，病情严重的患者往往在康复几个月后，体内的肠道菌群的多样性仍然低于正常水平。

我们知道新型冠状病毒会感染消化系统和肺部，并且病毒在鼻拭子测试中消失很久之后，仍然可以在粪便样本中分离出来。同时，我们也看到感染新型冠状病毒对胃肠道产生了非常严重和长期的影响。一项研究表明，有超过 30% 的新型冠状病毒感染者在早期就出现了胃肠道症状，如恶心、腹泻和食欲不振等。

我遇到过几位患者，他们在感染新型冠状病毒痊愈几个月之后，仍然有肠道问题，如腹胀、腹痛和腹泻。我在纽约大学郎格尼医学中心工作的时候，正值疫情初期，新型冠状病毒猖獗，我每见到一位有消化道症状的患者，问的第一个问题几乎都是：您感染新型冠状病毒了吗？因为那时我们还不知道这种疾病的治疗方案，所以情况非常糟糕，但是我已经见过通过重建菌群平衡（就是本书中提到的方法）来帮助患者减轻病症的成功案例。

不幸的是，新型冠状病毒对人体的影响仍然有待研究。它会让患者的肠道菌群遭到损坏，且肠道菌群在患者康复后很长时间都无法恢复。这也很好地解释了为什么有些人的新型冠状病毒感染症状会长期存在。帮助这些患者将其肠道菌群恢复到一个更好的平衡状态，是否有益于其菌群水平恢复到患病之前的状态？服用益生菌是不是可以防止新型冠状病毒感染发展成重症？这是目前比较活跃的研究领域，应该很快就会有答案。英国一项针对超过 30 万人的研究发现，定期服用益生菌的女性感染新型冠状病毒的风险会较低。

即使有了疫苗，新型冠状病毒及其后遗症也很可能以某种形式伴随我们很长时间。除了已经采取的诸如洗手等防护措施外，我们现在已经意识到，拥有健康的肠道菌群比以往更为重要。当我们的肠道很健康的时候，一般来说我们不太可能生病，即使生病了，也不会很严重，并且会很快康复。

益生菌与益生元

肠道健康是当下人们关注的大趋势，所以我们经常会听到人们谈论益生菌和益生元。由于这些术语经常被随意地使用，所以出现了令很多人困惑的错误信息。现在让我们来准确定义一下这些术语。

益生菌

益生菌是寄生在宿主体内对健康有益的活细菌。益生菌最早来源于希腊语，意思是“对生命有益”。顾名思义，这些细菌对人们的身体有好处——

几乎每个人都会从中受益。我们可以通过食用含有益生菌的食物或者服用益生菌补充剂将它们直接置入我们的肠道中。益生菌补充剂通常含有几种不同的菌群，如乳酸杆菌和双歧杆菌，这两种细菌是人类肠道中最主要的有益菌。益生菌补充剂也可能含有其他有益菌，如布拉氏酵母菌。服用益生菌补充剂可以直接将这些有益菌输送到结肠，这些有益菌将在结肠定居、繁殖并生成更多的有益菌。

有的产品可能含有一些细菌的某些特定的菌株，如植物乳杆菌 LP-115。厂商认为，某些特定的菌株能够发挥更好的作用。有些厂商甚至宣称，特定的菌株可以辅助治疗特定的疾病，如抑郁症。这是真的吗？这项研究很有趣，我完全相信将来我们可以看到为某些疾病而量身定制的益生菌补充剂——但是，除了一些先驱者之外，对于大多数针对某些特定疾病的声明，我们仍然需要更多的科学研究支持。还有一些厂商声称，它们能够基于粪便菌群分析而研发个性化的益生菌，通过检测人们缺少哪些细菌，来定制对应的补充剂以补充这些菌株。我认为现在相信这些承诺还为时过早，但是，未来我们一定会在这些领域看到非常有效的产品。

在选择益生菌补充剂时，尽量选择单粒胶囊中益生菌含量至少为 10 亿 CFUs（colony forming units，菌落形成单位[①]）的产品，有些产品的含菌量甚至有 100 亿～ 500 亿 CFUs。但并不是该数值越大，益生菌补充剂就一定越好。益生菌补充剂有时也被称为活体培养物，这些菌落形成单位的数值，代表着产品配方中活体有益菌的数量。因为有些有益菌可能在服用前已经自然死亡，所以我们要关注厂家标明的生产日期，以便了解在产品到期后还有多少活体有益菌。产品说明中应有该产品已经符合《药品生产质量管理规范》的明确说明。许多患者问我，益生菌是否需要冷藏保存，我的答案是

① 菌落形成单位：指在琼脂平板上经过一定的温度和时间培养后形成的每一个菌落，是计算细菌或霉菌数量的单位。这个单位比“菌落数”更准确地反映问题的实质。——译者注

不一定。有些技术先进的益生菌公司会采用冷冻干燥技术，这种技术可以确保益生菌在常温下存活很长时间。

当我们需要服用抗生素时，搭配服用益生菌是非常有帮助的，因为益生菌有助于恢复与有害菌一起被抗生素消灭的有益菌。益生菌对于治疗艰难梭菌感染[①]也非常有效。艰难梭菌感染是一种非常严重的、很难治疗的结肠细菌感染，患者可以在长期服用抗生素后，接着服用益生菌。我在出诊的时候，经常建议那些肠易激综合征[②]和其他肠道疾病的患者服用益生菌来缓解症状——有些患者在服用益生菌后病情得到了缓解。但这仅仅是开始，多项研究表明，益生菌可以降低胆固醇含量。最近美国食品药品监督管理局（Food and Drug Administration，FDA）批准了一种益生菌补充剂，该补充剂可以帮助糖尿病患者控制血糖。我们正在并将继续看到，益生菌的使用不再局限于治疗消化系统疾病。

服用益生菌补充剂是很有帮助的，但是为了获得真正的多样化菌群，我们不能仅仅依靠一种补充剂。这就是为什么我总是建议人们平时也要吃一些含有活体细菌的发酵食品，因为这些食品中的某些细菌可以在肠道中继续发酵。最好选择含有活体细菌的酸奶、开菲尔[③]、味噌、印尼豆豉、德国泡菜、韩国泡菜和一些用乳酸发酵的泡菜（用盐而不是用醋腌制的泡菜）。

益生元

服用益生菌时，我建议你同时服用益生元补充剂。益生元是能够促进益

---

① 艰难梭菌感染：由艰难梭菌引起的疾病，和使用抗生素有关，因此又称抗生素结肠炎。——译者注

② 肠易激综合征：持续或间歇发作，以腹痛、腹胀、排便习惯和/或大便性状改变为临床表现，是缺乏胃肠道结构和生化异常的肠道功能紊乱性疾病。——译者注

③ 开菲尔（kefir）：产自里海和黑海之间的高加索山脉的一种类似于酸奶的饮料。——译者注

生菌生长的物质，如果益生菌是花朵，那么益生元就是能够让花朵茁壮生长的肥料。益生元补充剂含有可溶性膳食纤维——通常以低聚果糖（FOS）和菊粉（Inulin）的形式存在，这种复合糖未经消化就通过小肠到达结肠，就像是送给细菌的生日蛋糕。和益生菌一样，我们服用的益生元一定要注意其是否符合《药品生产质量管理规范》。

除了服用益生元补充剂，我们还应该食用一些富含低聚果糖和菊粉的食物。益生元在很多植物性食物中都天然存在，如杏仁、芦笋、鳄梨、大麦、浆果、圆白菜、樱桃、奇亚籽[①]、鹰嘴豆、椰子、大蒜、绿叶蔬菜、菊芋、扁豆、洋葱、桃子、开心果和核桃。

合生素

当肠道菌群失衡到一定程度并引起相关症状时，我们就需要使用含有益生菌和益生元的补充剂来恢复益生菌群，并提升菌群的多样性。为了人们使用方便，现在许多商家开始生产合生素——一种同时含有益生菌和益生元的胶囊。为什么呢？因为益生菌和益生元相结合，产生的效果是协同的，比单独使用其中一种效果更好。

后生元

就在我们觉得自己已经掌握了相关术语的时候，一个新的术语——后生元出现了。益生菌在肠道中消化膳食纤维，同时释放活性物质，即代谢产物，这是一种对身体有好处的物质。而后生元补充剂比益生菌补充剂更有优势，因为后生元补充剂只含有那些有益的代谢产物，不含有活体细菌。相对于那些生成后生元后就死亡的细菌，直接补充后生元对人体的作用效果更长。

---

① 奇亚籽：薄荷类植物芡欧鼠尾草的种子。——译者注

不幸的是，这里需要给大家一个警告，那就是补充剂行业并没有得到应有的严格监管。产品标签上的内容并不能准确地反映产品的实际成分。一般情况下，听从医生的建议或者到更大、更有信誉的厂商那购买产品，更能确保我们购买的产品安全可靠。

我们可以看到，菌群才真正是肠道焕新的关键。作为我们的“总承包商”，菌群影响身体健康的方方面面，从免疫功能强弱到身体炎症水平高低，从衰老快慢程度到患慢性疾病的可能性大小。接下来，我们将深入研究如何保持自身的菌群平衡，从而将我们自己照顾好。

GUT RENOVATION

第2章

健康的“建筑师”

大脑

现在，我们已经了解了身体的“总承包商”——菌群，接下来我们将了解另一位负责协调肠道焕新的重要角色——“建筑师”，即我们的大脑。在压力大的时候，你是否会感觉紧张不安，或者总觉得有些事情不对劲，又或者偶尔会有一种揪心的感觉？这些感觉都是肠道和大脑紧密联系的最好证明，这种联系实际上决定了我们大部分的日常生活。

肠道菌群能够对大脑的功能产生深刻影响。我们的想法、情绪、精神健康乃至认知能力的下降风险都与菌群有关，反之亦然。大脑会与肠道“对话”，发送可以控制消化过程中许多反应的信号。就像建筑师和总承包商的联系可能会中断一样，肠道焕新也可能会停滞不前。当肠道和大脑之间的协作不和谐时，健康就会受到影响。下面让我们来学习一下如何让大脑和肠道和谐相处。

肠道神经即第二大脑

其实，身体做出的大部分反应都不是我们的意识可以控制的。我们能够健康地活着，多亏了我们的自主神经系统。这部分神经系统基于脑干和脊髓来发挥身体的基本功能，如呼吸、心跳和消化。

在我们吃下一口食物后，肠神经系统就会启动工作。这个庞大的、复杂的神经网络至少由 2 亿个神经元组成，贯穿从口腔到肛门的整个消化系统。由于肠神经系统的庞大影响力，它又被称为第二大脑。好在，无须我们做什么，肠神经系统和大脑一直在不声不响地“沟通”。它们“谈论”最多的就是如何协调身体的消化系统与其他系统，如免疫系统，以确保一切运转正常，包括避免一些不必要的小问题，如炎症或者打嗝等。

迷走神经是肠神经系统和大脑的一个重要连接，又称第十对脑神经。迷走神经起源于大脑的颅骨内，在体内形成漫长、曲折的神经线。其分支经过咽喉、心脏、肺和膈肌，以及消化系统的大部分器官，包括胃、小肠、部分结肠、肝脏、胆囊和胰腺，在人体上半身游走。

肠和脑相互影响

肠和大脑究竟是如何“沟通”的，它们的“对话”内容究竟是什么，目前尚在研究之中。它们主要通过激素、神经递质、免疫系统、菌群代谢物及迷走神经实现信息交换。

让我们先从激素开始。肠道内的特殊细胞会产生 20 种不同的激素，这些化学物质通过肠道运输到身体的其他部位，包括大脑。例如，胃和小肠会分泌胃促生长素（ghrelin），又称食欲刺激素，它在控制人们的饭量方面起着重要作用。之所以被称为食欲刺激素，是因为它能刺激我们的食欲，促进脂肪存储。食欲刺激素通过血液循环，最终作用于大脑的下丘脑区域，而这个区域对于控制食欲非常重要。

与食欲刺激素对应的是瘦素（leptin），这是一种主要由脂肪细胞分泌的激素（肠道中也会分泌少量瘦素）。瘦素会让人产生饱腹感，提醒下丘脑我们已经吃得很饱了，是时候停止进食了。食欲刺激素和瘦素在一定程度上相互作用，其中一个上升，另一个就会下降，反之亦然。如此你就可以想象一下，这些激素的改变在体重增加和食物上瘾中扮演着多么重要的角色。

那么，肠道中的激素分泌细胞是如何知道何时该向身体的其他部位发送信息的呢？答案是：肠道菌群会告诉它们。肠道菌群的代谢产物为分泌激素的细胞提供了肠道内正在发生的情况的相关信息，如刚刚吃了什么、肠道内壁维护情况的好坏、菌群本身的组成情况等。作为回应，肠道会释放适量的对应激素。如果菌群失调，这种信号机制就会被破坏，那么释放的激素数量就会偏多或过少。比如，食欲刺激素释放过多的话，就会导致暴饮暴食和肥胖。

相反，当我们感受到威胁时，大脑会刺激脑垂体和下丘脑作用于肾上腺（位于肾脏上方的一种小的腺体），促使其分泌应激激素皮质醇。皮质醇激增会使肠道中的血液转移，为战斗或者逃跑反应做准备，但这同时会造成肠道肌肉收缩，所以我们有时候会在感觉紧张不安时突然想上卫生间。在现代生活中，一次重要的销售推介演示可能比面对一只洞熊更具有威胁性（虽然我明白老板可能会让我们想起洞熊），但是压力就是压力，我们的消化系统完全能够感受得到。到现在为止，我们知道压力会影响食物通过消化道的速度，使肠道渗透性增强，进而影响我们的免疫功能。压力对我们消化系统的影响非常大，以至我不得不在整本书中频繁提到，这部分内容我会在第 7 章中深入探讨。

肠和大脑还可以通过神经递质实现信息交换。神经递质是神经元（neuron，即神经细胞）之间用来传递信号的一种天然存在于大脑中的化学物质。这里的神经元可能是大脑和中枢神经系统的，也可能是肌肉或肠道中的。血清素作为一种重要的神经递质，在情绪调节和记忆方面起着关键作用。血清素又被称为快乐荷尔蒙，所以我们听到了很多关于血清素在治疗抑郁症中的应用。5- 羟色胺选择性重摄取抑制剂（selective serotonin reuptake inhibitor，SSRI），如依他普仑和氟西汀，就是通过提高大脑中的血清素水平来帮助缓解抑郁症状的。

事实上，人体内约 90% 的血清素是由肠道菌群产生的，而非大脑。这也从另一方面证明了保持肠道菌群多样化的重要性。如果没有足够的菌群刺激，就会导致外周血清素减少，进而引起消化问题，严重的甚至会引发抑郁。

人脑中的血清素大部分源自食物。当我们食用含有必需氨基酸[①]的食物的时候，血清素就开始生成了。任何动物性食品，如鸡蛋、牛奶、奶酪、鱼、肉都富含必需氨基酸。一些植物性食物，如巧克力、香蕉、菠萝、坚果、豆腐和菠菜也是色氨酸的很好来源。在肠道中，一部分色氨酸被转化为 5- 羟基色氨酸进入体内循环。5- 羟基色氨酸进入大脑后被转化为血清素。这个过程解释了为什么我们在感恩节吃了火鸡后会犯困。火鸡是色氨酸的优质来源，在我们吃完一盘火鸡大约半小时后，大脑会摄入大量的血清素——一种让人感觉良好且放松的神经递质。在不知不觉中，我们就在沙发上睡着了。

肠道中的血清素，能够让我们感知饥饱、疼痛和恶心，能够调节体液水平，能够使食物通过消化道，并维持正常的肠道功能。同时血清素还帮助我们免受食物中毒的危害。如果我们吃了有毒物质，血清素会加快消化速度，

① 必需氨基酸：共 8 种，分别是赖氨酸、色氨酸、苯丙氨酸、甲硫氨酸、苏氨酸、异亮氨酸、亮氨酸、缬氨酸，人体不能合成或者合成速度慢、无法完全满足人体需要，因此需要从食物中获得。——译者注

这样食物能够很快被排出体外。一些血清素会进入循环系统，在维持骨骼健康和伤口愈合中发挥作用。同时，已经有理论研究证明，一些进入循环系统的血清素会到达我们的大脑。这提供了一种无需药物就能治疗抑郁症的方法，即通过调节肠道菌群来产生更多的血清素，产生的血清素会从肠道转移到大脑，以此来弥补短缺的血清素。目前一项比较大胆的研究是：通过益生菌来代替 5- 羟色胺选择性重摄取抑制剂的抗抑郁药物。

有时，抗抑郁药物会被用来治疗常见的胃肠道疾病，如肠易激综合征。我的一些肠易激综合征患者发现，他们在服用低剂量的抗抑郁药物后，症状得到了很大的改善。我为这些患者开出的抗抑郁药的剂量要比那些抑郁症患者所用的剂量小，这表明这些药物对肠道内的神经递质的影响比对大脑的影响要大，而它们作用于肠神经系统的方式与作用于大脑的方式相同。当然，很多抑郁症患者可以从心理咨询中受益。再强调一下，我们的目标是通过提升肠 - 脑作用来改善肠道症状。心理咨询通常会影响我们的肠神经系统，通过帮助大脑更好地应对症状、减轻症状来改善抑郁，这是一个良性循环。

肠和大脑的另一个信息交换渠道是免疫系统。当免疫系统因为任何原因被激活时，细胞因子——协调免疫细胞活动的化学信号就会引发炎症。当细胞因子到达大脑后，它们会对神经递质产生深刻的影响，包括神经递质的产生、释放和使用。换句话说，产生于肠道的细胞因子最终进入大脑，这会让我们感觉非常难受。我们会感觉疲惫、不想说话、没有胃口，并且无法思考。这是身体在告诉我们需要休息，需要把精力用于恢复身体。如果我们生病了，身体的这种反应就是非常有意义的。但是，如果有慢性的、低水平的炎症，大脑的这些细胞因子就会不停地刺激身体，我们就会一直有上述这种难受的感觉，这肯定不是我们想要的。

肠和大脑的最后一个信息交换渠道是菌群代谢物，这同样是由肠道菌群产生的。有些菌群代谢物能够最终进入循环系统并运输到全身各处，包括大脑。我们体内的血脑屏障会防止循环中进入多余的分子对身体造成损害。大脑的血管壁由排列紧密的细胞组成，能够阻止大部分的大分子进入大脑。是不是觉得有些熟悉？这就好像小肠的内壁细胞的紧密连接可以被打开并变得有渗透性一样，血脑屏障也是如此。如果血脑屏障被破坏，坏分子就会进入大脑，从而引发炎症以及其他与衰老和疾病相关的损害。

同样，不良饮食会引起肠漏，进而破坏血脑屏障，而健康的饮食则能起到保护作用。举例来说，健康肠道的细菌会产生一种短链脂肪酸丁酸盐，这种物质会使结肠细胞在排列时更为紧密。丁酸盐对于维持血脑屏障的血管壁的完整性也很重要。如果血管壁是坚固而结实的，那么屏障也是稳固的。

到现在为止，我希望大家明白，只有“总承包商”和“建筑师”亲密合作，才能保持工作运转正常。但是，如果这种关系被破坏了会怎么样呢？让我们来看一下。

肠道菌群与抑郁症

细菌代谢物领域的研究大多集中在重度抑郁症的病因和治疗上。与未患病群体相比，重度抑郁症患者的肠道菌群构成存在本质不同——更多的拟杆菌属细菌，伴随其他菌群细菌数量的减少。肠道菌群多样性和数量的改变可能与重度抑郁症患者体内高水平的炎症细胞因子和更多的全身性炎症有关。这些发现以及其他一些相关发现都非常令人激动，因为它们指明了诊断严重抑郁症和非药物干预的方向，如改变饮食习惯和服用益生菌。

肠道菌群与偏头痛

偏头痛的普遍特征是剧痛和阵发性。在美国，大概有 18% 的女性每月会经历 1 ～ 2 次可怕的偏头痛。每年因为急性偏头痛来看急诊的人大约有 120 万。

偏头痛很可能与遗传有关，至于具体原因，目前仍不太明了。但是，头痛本身的诱因很多，压力、焦虑、睡眠不足、激素变化、强光或频闪、酒精只是其中的一部分。有些人吃了某些特定食物就会引发偏头痛，其中最常见的就是巧克力——这太令人伤心了！还有其他一些食物，如陈年奶酪、腌制或加工过的肉类以及添加味精的食物，有时也会引发偏头痛。

引发偏头痛的诸多诱因往往会导致菌群失调或者引起肠易激综合征，而菌群失调和肠易激综合征引起的炎症也会诱发偏头痛。如果是上述情况，用来解决肠道问题的益生菌就能派上用场了。最新研究也证实了这一点。在这项研究中，从 79 名偏头痛患者中随机选择一些人服用益生菌补充剂，而另一些人服用安慰剂，连续服用 10 周，并且这些患者并不知道自己服用的是益生菌还是安慰剂。10 周后，服用益生菌补充剂的参与者偏头痛发作的次数明显少于服用安慰剂的参与者。并且，与服用安慰剂的实验组相比，益生菌补充剂实验组需要服用的偏头痛药量更少，偏头痛发作的时间更短、次数也更少。

这项研究和其他一些研究都明确表明，肠道菌群是引发频繁偏头痛的重要因素。预防和治疗偏头痛的药物都会有副作用，长期服用其中的某些药物甚至会加重偏头痛症状。改善饮食、改变生活状态以及日常补充益生菌（从食物中或者从补充剂中），能够减少偏头痛患者的用药量，提高其生活质量。

神经系统变性疾病[1]

提到衰老，很多人（包括我自己）最害怕得痴呆相关的疾病，丧失认知能力。更为可怕的是，痴呆相关疾病的患者，其大脑可能早在 10 年甚至 20 年前就已经发生了改变。最近的研究表明，菌群似乎在引发神经系统变性疾病方面起着重要作用，如阿尔茨海默病、帕金森病和多发性硬化。今天，大约有 580 万美国人正遭受阿尔茨海默病的困扰，其中超过 80% 的患者是 75 岁以上的老人。阿尔茨海默病的典型表现是脑损伤，这是由于 β－淀粉样蛋白和 Tau 蛋白大量积累，在大脑的记忆中枢积聚形成蛋白斑，它们会对大脑造成不可逆的损伤。

阿尔茨海默病有很多促成因素，有些尚未被证实，有些我们已经非常熟悉，如吸烟、酗酒和遗传。肠道菌群的多样性会随着年龄的增长而降低。菌群种类的平衡性也会发生变化，有些菌群逐渐增多，而另一些则越来越少。对于阿尔茨海默病患者，其体内菌群改变可能会导致菌群失调，加重肠道炎症，影响肠黏膜通透性。通过分析患者的粪便样本发现，他们的肠道菌群的多样性明显低于同年龄段健康群体。比如，在健康肠道里非常常见的双歧杆菌和厚壁菌门，在阿尔茨海默病患者肠道内的含量就很低。研究人员发现，肠道菌群的改变与脊髓液中的 β－淀粉样蛋白和 Tau 蛋白含量有关。阿尔茨海默病患者血液中的脂多糖[2]含量是正常人的 3 倍。众所周知，脂多糖会造成人脑中破坏性蛋白质的积聚。

---

① 神经系统变性疾病（neurodegenerative disease）：因神经元和神经髓鞘随着时间推移逐渐丧失或者恶化而出现的功能障碍性疾病的统称。常见的有脑萎缩、阿尔茨海默病、帕金森病和肌萎缩侧索硬化等。——译者注

② 脂多糖（lipopolysaccharide），由脂质和多糖构成，是肠道细菌产生的一种毒素。——译者注

虽然有关菌群与神经系统变性疾病之间的联系还在研究之中，但好消息是我们可以提早掌控自己的健康情况。我们越早开始改善肠道菌群的多样性，就能越好地照顾我们的大脑。

如何延缓大脑老化

随着我们逐渐变老，大脑会自然地丧失一部分信息处理功能，这就像智能手机过了建议使用年限一样。有一天，我们会发现自己忘了某个熟人的名字、想不起某个单词，发现自己无法像 20 岁时那样对某件事长时间记忆犹新或长时间保持专注。作为一名年过半百的医生，我想说的是，随着年龄的增长，我们出现轻微的记忆力丧失和注意力不集中是完全正常的。

一个有趣的事实是，我们的大脑会随着年龄的增长而萎缩——这大概会在我们 30 多岁的时候开始。好吧，这是一个有点儿让人感到沮丧的事实。在 30 岁之后，大概每 10 年大脑体积就会缩小约 5%。这种缩小意味着我们会丧失一些神经细胞，而这会影响记忆，让我们的思考速度变慢。但是请不要绝望，多年来积累的经验和智慧会帮助我们弥补这个小损失。我们仍然可以像往常一样做好自己的工作，尽管有时候我们会忘记新同事的名字，但是我们的工作经验可以很好地弥补这类问题。出现这些变化并不是说我们一定会痴呆或者患上阿尔茨海默病。虽然这些变化很烦人，但是它们总是很好地提醒我们，我们的内在“建筑师”需要良好的饮食和定期锻炼，才能保持最佳状态。如果可以，我们当然希望尽可能减少对大脑的损耗。

健康的肠道菌群有助于保持大脑健康，并将由年龄增长带来的炎症和损害降到最少。减少炎症的最好方法是预防炎症——这就意味着要保持健康饮食（在第 3 章中我会详细说明）。现在，我要说的是对肠道有益的食物也有益于大脑。所以，我们要多吃新鲜水果和蔬菜（尤其是绿色蔬菜）、全麦食物和豆类，从鱼类、坚果和未加工的植物油中摄取好的脂肪（如 ω-3 不饱和脂肪酸），减少红肉和加工肉类（如培根）的摄入量，少喝酒。最重要的是，避免食用过度加工食品和过度工业化食品。这些“产品”（我实在不能将其称之为食物）富含糖、盐、坏的脂肪和化学添加剂，而且几乎不含任何膳食纤维，对身体的方方面面都有害。运动也可以抑制大脑萎缩，一项针对老年人（平均年龄为 75 岁）活动的研究表明，就磁共振成像（MRI）结果来看，与那些经常久坐的人相比，经常散步、从事园艺、游泳或跳舞的老年人大脑容量更大。运动能够促进大脑健康主要有两方面的原因：一是运动会增强心血管强度，这样心脏就可以为大脑输送更多的氧气和营养物质；二是运动会对菌群产生积极影响，我会在第 6 章就这部分内容进行详细介绍。

保持大脑健康还有另一个重要的方法——使用大脑。学习和参加社会活动可以让大脑保持清醒并获得参与感。积极的情绪可以保护大脑，避免认知能力下降。作为肠道焕新的一部分，我强烈建议大家多读书，因为阅读能够很好地锻炼大脑和开阔视野。事实上，阅读本书就在为你的大脑积累更多的健康积分。我们甚至可以转换职业或者让生活出现更大的改变（我在 42 岁时开始创业），当然，锻炼大脑无须如此戏剧化。这可能就像做第 32 次的小改变一样简单，如使用非惯用手刷牙（开始时可能会一团糟），玩填字游戏，学习一门新语言，学习一门手艺，弹奏一种乐器——任何我们喜欢并坚持下来的事情都将有助于我们内在“建筑师”保持良好的感知力和创造力。

同样，我们的内在“建筑师”有时也需要一些时间来恢复精力。有时候即使什么都不做，也能让我们的意识大脑得以放松、潜意识大脑得以工作。这段时间被神经科学家称为非时间（Non-Time）。当我们外出散步、在花园除草或喝茶放松的时候，大脑往往会“蹦出”解决问题的好办法。我知道，现在很多人的日程安排都非常紧凑，休息时间很少，但是如果我们认为放松大脑势在必行，或许可以找到一些碎片时间。

独处很重要，但是我并不极力推荐大家与家庭、朋友和社区一直保持距离。与孤僻的人相比，有着强大社会关系的人步入健康老年的概率要高50%。换句话说，独处时间过长有害健康——就像每天抽 15 支烟一样糟糕。感到孤独且被孤立的人的炎症血液标志物会增加，这很可能是压力太大造成的。现在我们已经知道，任何会提升压力激素和导致系统性炎症的因素都会造成我们肠道菌群的改变。同时我们还了解到，老年人社会孤立程度的增加会使其患痴呆的风险上升 50%。

有趣的是，结婚可以降低患痴呆的风险。与配偶或者生活伴侣保持亲密关系能够提升两个人的肠道健康。两个人的菌群种类及数量会趋向一致并表现出相似性。这就是为什么人们总说结婚后两个人长得更像了。与独居的人的肠道菌群相比，有伴侣的人的肠道菌群更丰富，更具多样性。

疫情让我们更难保持活跃的社交，但是我们必须注意，社交距离并不是社交孤立。也许与家人和朋友进行视频通话已经过时，但是请不要放弃联系！如果感到孤独，请联系家人、朋友或者邻居。事实上，多亏了视频通话技术，尽管我们离得远，实际社交（尽管是虚拟的）却变得更容易。

另一种社交方式是做社区志愿者。帮助他人会使我们的内啡肽[①]激增，出现“助人为乐的快感”，而内啡肽对我们的大脑很有好处！记得把爱传递出去，我们可以给孤独的人打个电话，有时候一个友善的电话对他们真的非常有帮助。

现在我们的“建筑师”和“总承包商”都处于很好的状态，并且像最好

---

① 内啡肽（endorphin）：亦称安多芬或脑内啡，是一种内成性（脑下垂体分泌）的类吗啡生物化学合成物激素。能与吗啡受体结合，产生跟吗啡等阿片类药物一样的止疼效果和愉悦感。——译者注

的朋友一样合作得很好，那么接下来我们要做什么呢？要从哪里开始呢？让我们从家的中心部位——厨房开始吧！

肠道焕新小妙招

补充益脑食物。要记住大脑的年龄取决于我们自己。为了让大脑在我们年龄增长的同时仍然保持健康，我们要通过健康饮食把系统性炎症降到最少。以往我们每天喝一杯葡萄酒，现在可以改为每天吃一串红葡萄或者喝一杯绿叶蔬菜汁。

动起来。运动能够延缓由年龄增长导致的大脑萎缩。我们可以今天学习萨尔萨舞（salsa dancing），明天学习跆拳道——学习新事物是锻炼大脑最好的方式。

打破常规思维。每天积极地刺激大脑，加入或创建一个读书俱乐部，或在社区做志愿者。

按下暂停键。花点儿时间放松，让大脑得到休息。每天花 10 分钟冥想。

GUT RENOVATION

第 3 章

吃出健康好身体，保持年轻好心态

厨房

肠道焕新从厨房开始，这需要我们抛弃旧的饮食习惯并建立新的或更新以往的饮食习惯。我们更新厨房设备时，不仅要使厨房的功能性更好，还要使厨房看起来更加赏心悦目，这也是我们改善饮食的第一步。看起来更年轻，心态更好是因为我们将吃放在了首位，而这恰恰是大部分现代人很难做到的。

高油、高糖——这种典型的现代饮食方式正在摧毁我们的健康。新的饮食习惯，意味着饮食更有营养、肠道更健康，甚至是一些消化问题的结束。最棒的是，新食谱中的食物吃起来味道还很不错。尽管这不是一本关于减肥的书，但是书中的食谱会让我们变得更瘦。同时，皮肤变得更好，头发更有光泽，肌肉也更强壮，这些都是健康肠道的功劳！

健康的饮食是什么样的

我花了很多时间和我的患者讨论饮食，因为吃的东西会直接影响他们的症状变化以及治疗结果。我的目标一直是帮助我的患者改变他们的饮食习惯，因为这样可以使他们的消化系统保持健康。尽管我非常乐意在医院见到我的患者，但是我更愿意帮助他们尽早康复，以减少他们在家和医院之间的奔波。

对于我们中的大多数人，开始肠道焕新的方法就是来一场虚拟旅行，如果条件允许，最好是一场真实的旅行！目的地就是全球我最喜欢的地区之一——地中海地区。在那儿，我们不仅能够欣赏美丽的沙滩和迷人的村庄，还能够找到一种超级健康的生活方式。地中海沿岸的 16 个国家及地区所遵循的饮食方式构成了地中海式饮食[①]。采用这种饮食方式的人们，包括生活在克里特岛和撒丁岛的居民，往往更健康、更长寿，很少会得我在医院经常看到的慢性疾病。

地中海式饮食以素食为主，食物种类包含蔬菜、全麦、坚果等。奶制品、鱼类、蛋类和家禽的摄入量为少量到中等量，红肉摄入量很少。甜点通常是水果，而非高热量的甜食。糖、动物脂肪、热带油和加工类食物均不在食材之列。

我喜欢这种饮食方式的一个原因是其背后有强大的科学数据支撑，而我们听过的许多新潮节食计划[②]却并非如此。大量的研究表明，地中海式饮食有助于预防心脏病和脑卒中，并降低患高胆固醇和高血压的风险。对于糖尿病前期[③]和 2 型糖尿病患者来说，地中海式饮食同样有助于降低血糖。根据最新的一项研究结果，地中海式饮食对阿尔茨海默病高风险人群具有保护作

---

① 地中海式饮食（mediterranean diet）：有利于健康，简单、清淡以及富含营养的饮食。这种特殊的饮食结构强调多吃蔬菜、水果、海鲜、坚果类食物，其次才是谷类，并且烹饪时要用植物油（含不饱和脂肪酸）来代替动物油（含饱和脂肪酸），尤其提倡用橄榄油。地中海式饮食是以自然的营养物质为基础，加上适量的红酒和大蒜，再辅以独特调料的烹饪方式。——译者注

② 新潮节食计划（fad diets）：采用激烈的措施来帮助人们减重的方法。——译者注

③ 糖尿病前期（prediabetes）：也称前驱糖尿病，是指高血糖症和低血糖症的患者存在的葡萄糖代谢障碍，但其并未达到标准的 2 型糖尿病的诊断标准。——译者注

用，能够防止其出现记忆衰退和大脑萎缩。

采用地中海式饮食，意味着我们要比之前多吃几份水果和蔬菜。某个清晨，你的早餐会是这样的：一杯橙汁，外加一个汉堡，附带着几片生菜、几片西红柿、几粒泡菜和一小杯凉拌卷心菜。不好意思，番茄酱不算在内。如果我们把每天摄入的蔬菜量提高到建议蔬菜量的 5 倍，那么效果就很明显了，比如我们的死亡风险将比每天吃两份菜的人降低 13%。具体来说，患癌风险降低 10%，患心血管疾病的风险降低 12%，患呼吸系统疾病的风险降低 35%。最新研究表明，尽管每天吃 5 份以上的蔬菜对身体健康有益，但并不会进一步降低死亡风险。

健脑饮食

地中海式饮食是健康饮食的一个很好的起点，但是我们可以更进一步，通过健脑饮食（MIND diet）来降低炎症的发生概率。

将地中海式饮食稍做调整，就可以让其更加有益于我们的健康，也更加有益于我们的大脑，这就是延缓神经系统性病变的地中海 - 得舒饮食干预法[①]。该方法中的得舒饮食是指终止高血压饮食疗法[②]，是一项由美

① 地中海 - 得舒饮食干预法（Mediterranean–DASH Intervention for Neurodegenerative Delay，MIND）：简称健脑饮食，是地中海式饮食与降压饮食（终止高血压饮食疗法）的结合，强调纯天然植物类食物、少量肉类和高饱和脂肪酸类食物的具体摄入量，植物性食物还区分了浆果和绿叶蔬菜的摄入量，有助于改善老年人的记忆，预防痴呆。——译者注

② 终止高血压饮食疗法（Dietary Approaches to Stop Hypertension）：富含钾、钙、镁、膳食纤维且低盐低脂。该饮食疗法可降血压，减少糖尿病的发病风险，同时还能降低糖尿病患者的心血管发病风险等。——译者注

国国家心肺血液研究所（National Heart, Lung, and Blood Institute，NHLBI）赞助的饮食计划。该饮食计划注重植物饮食和低钠饮食，已被证明能够有效降低高血压和胆固醇，进而有效降低心脏病的患病风险。

健脑饮食通过改善大脑健康，将降压饮食提升到了一个新的高度，它是由美国国家老龄化研究所（National Institute on Aging）资助的研究人员开发的。该研究团队在 2015 年发表的第一项重大研究就有惊人的发现：坚持健脑饮食的人群患阿尔茨海默病的风险降低了 53%，那些只适度节食的人患阿尔茨海默病的风险也降低了 35%。

任何能够降低患严重疾病（如阿尔茨海默病）风险的事情都会引起我的注意，包括饮食。不管它是简单的还是复杂的。健脑饮食建立在地中海式饮食基础之上，但同时又去掉了那些对大脑有害的食物，并专门增加了对大脑有益的食物，如浆果类食物。健脑食物最吸引我的地方在于，不仅对大脑和血液循环有益，对肠道健康也大有帮助。

尽管地中海式饮食和健脑饮食都是很好的饮食方式，但它们都不是专门针对肠道健康的。为了建立一套专门健脑抗衰的饮食方式，我在以上两种饮食配方中添加了一些促进肠道健康的成分——益生元、益生菌、抗氧化类物质等。它们都可以延缓衰老，让我们的精力更充沛，并降低我们患慢性病的风险。我会在第 11 章详细介绍健脑抗衰的饮食方式，但是在那之前，请让我们先了解一下这些促进肠道健康的主要成分。

肠道菌群与饮食

肠道菌群的构成是由我们所吃的东西决定的。当然，压力和遗传等因素也会对肠道菌群造成一定的影响，但是越来越多的研究证明，饮食才是影响肠道菌群的关键因素。通过多样的、营养丰富的全食物[①]饮食，我们可以获得一个充满有益菌的健康肠道菌群。如果长期给我们的肠道菌群投喂垃圾食品——加工食品、油炸食品、精制谷物、糖、盐和食品添加剂，肠道菌群就会逐渐变得不健康，继而引发包括心脏病和糖尿病在内的诸多疾病。

这就是地中海式饮食能够成为良好饮食基础的原因。当我们从富含肉、奶酪、乳制品的标准美国饮食转变为少肉和高膳食纤维饮食时，我们的肠道菌群也会变得更好。多肉饮食会造成不健康细菌的过度繁殖，而这些细菌会引起包括结肠炎在内的炎症。当我们转为少吃红肉并且多吃蔬菜等植物类的饮食方式时，我们的肠道菌群会快速反应，增加有助于分解膳食纤维的细菌并减少潜在的有害细菌。这些改变会在几天内发生，也就是说肠道菌群改变得很快。通过减少饮食中红肉的摄入量，我们的肠道菌群会发生改变，而我们的心脏会在这一改变中大为受益。因为在消化红肉的过程中，肠道菌群会生成一种被称为氧化三甲胺的物质，众所周知，这种物质会增加患心脏病的风险。研究人员发现，减少红肉的摄入量能够明显降低血液中氧化三甲胺的含量，并降低动脉粥样硬化、高血压和心脏病的患病风险。

地中海式饮食还可以提高老年人的整体健康水平。2020 年的一项关于地中海式饮食会对身体健康产生怎样的影响的重要研究，对 612 名体弱的老年人进行为期一年的跟踪观察。这些老人都面临虚弱的风险，即与年龄相关的力量和正常功能正在丧失，同时伴随炎症的出现和认知能力的下降。虚弱会造成他们的生活质量下降，预期寿命减少。

在坚持地中海式饮食一年后，这些幸运的受试者拥有了一个庞大的肠道菌群，这些肠道菌群能够抵抗虚弱并减缓认知能力下降速度。同时，受试者体内与炎症相关的细菌数量也变得更少。也就是说，在坚持了一年美味且多

---

① 全食物（whole food）：未经加工或者极少经过加工的食物。如蔬菜，最好根、茎、叶一起吃；水果，则建议连皮带籽食用；主食，应以糙米、全麦取代白米饭、白面包。——译者注

样化的饮食后，这些受试者的整体健康状况变得更好，也能更好地应对将来可能出现的虚弱问题。

当我们习惯地中海式饮食后，自然会扔掉糖、加工类食品和大部分的肉类。这也就意味着我们同时远离了炎症和肠道健康失调。用更多的绿色蔬菜和其他植物类食物代替高糖、高热量食物后，我们就已经增加了三个在饮食中至关重要的元素的摄入量：膳食纤维、植物营养素和好的脂肪①。

膳食纤维，喂养我们的肠道菌群

前面我已经多次提到膳食纤维在饮食中的重要性。我很喜欢讨论膳食纤维，并且在本书的最后，我还会介绍如何将膳食纤维排出体外。那么，膳食纤维究竟是什么，为什么说膳食纤维是我们永远的好朋友?

膳食纤维来源于植物类食物，不能被小肠消化吸收，经结肠排出体外。膳食纤维分为两种：可溶性膳食纤维和不溶性膳食纤维，都是身体消化过程中所必需的物质。可溶性膳食纤维在通过消化道时会吸收水分变成柔软的凝胶物质，通常存在于大豆、扁豆、豌豆、大麦、燕麦、坚果等种子和苹果、桃子等水果中。不溶性膳食纤维主要由纤维素组成，如坚韧的植物细胞壁。它们不能吸收水分，通常存在于全麦食物、坚果、水果和蔬菜中，如鲜脆多筋的芹菜等。不溶性膳食纤维会帮助肠道蠕动，使食物通过小肠，并增大结肠中粪便的体积。膳食纤维推动粪便向前移动，使结肠肌肉得到很好的锻炼。因此，高膳食纤维饮食可以确保我们的消化系统顺利运行，使我们的肠道蠕动良好，且规律排便。

---

① 好的脂肪：瘦肉、鱼肉、牛奶、鸡蛋、橄榄油等含有的丰富脂肪。——译者注

因为膳食纤维在小肠内不能被消化，所以摄入膳食纤维不会增加任何热量。这让膳食纤维又多了一个令人喜爱的理由。然而，有些膳食纤维确实会在我们的肠道被消化，只不过是被结肠内上万亿的细菌消化。细菌会通过新陈代谢来发酵这些膳食纤维，就好像我们自带的内部酵母启动器。发酵时会将膳食纤维中的碳水化合物转化为短链脂肪酸，包括被称为丁酸盐的脂肪酸。丁酸盐是结肠上皮细胞的最爱，它就像燃料一样使上皮细胞保持健康和活力。短链脂肪酸能抑制一些坏菌的生长，从而为益生菌在拥挤的结肠中腾出更多的空间。短链脂肪酸还可以作用于免疫系统，保护我们免受肠炎和结直肠癌的困扰。

短链脂肪酸在调节食欲和身体能量产出方面也发挥着作用，这是一个非常有趣的领域。有些人即使没有摄入过多的热量，也很难减肥的原因就在于此，他们的肠道菌群可能从完全相同的食物中摄取更多的热量——这太不公平了，不是吗！这也是我们提倡保持肠道合理的细菌种类的重要原因之一。

另外，膳食纤维在极短时间内就可以使我们的肠道菌群产生积极的改变。一项研究显示，仅仅通过两周的高膳食纤维饮食，受试者肠道菌群的组成就发生了显著的变化，肠道内的益生菌数量与两周前相比明显增多。

采用高膳食纤维饮食可以营造一个有利于益生菌生长的环境。并且，当我们在饮食中加入适量的膳食纤维时，我们的身体在方方面面都会有好的变化，具体表现如下：

降低胆固醇。消化道中的膳食纤维不仅有助于降低我们从食物中吸收的胆固醇，还有助于减少身体自身产生的胆固醇。

减肥。当用高膳食纤维饮食替代低膳食纤维加工类食品时，我们摄入的热量就会减少。高膳食纤维饮食会使我们的消化速度变慢，延长饱腹感时长。

控制血糖。因为高膳食纤维食物消化得比较慢，葡萄糖也会较为缓慢地进入血液，使得血糖波动更平稳，避免忽高忽低，这对于糖尿病前期患者和 2 型糖尿病患者尤为重要。

降低患胃肠癌风险。作为一名每天都会进行癌症筛查工作的胃肠病医生，我觉得这一点太重要了。高膳食纤维饮食能够帮助我们预防结肠癌和乳腺癌等其他癌症。同时，高膳食纤维饮食还可以帮助我们预防憩室炎[①]和肠易激综合征等消化系统疾病。

那么，摄入多少膳食纤维才能让我们的肠道菌群保持快乐呢？美国国家科学院建议，女性每天的膳食纤维摄入量至少为 25 克，男性至少为 30 克。也就是说，每 1000 卡路里（1 卡路里 ≈ 4.19 焦耳）的食物中至少含膳食纤维 14 克。可悲的是，很少有人能够真正达到这个水平。女性平均每天的膳食纤维摄入量只有 12 ～ 15 克，男性的只有 16 ～ 18 克。在诊所，我每天都能看到因为膳食纤维摄入不足而引发消化道疾病的患者。我告诉我的患者，政府发布的指导意见仅仅是人体每天所需膳食纤维的最低摄入量。我建议他们把目标定得高一点，至少每天多摄入 10 克，并且同时兼顾可溶性膳食纤维和不溶性膳食纤维。要做到这一点，最好选择低糖食物和大量的植物性食物。当我们用一碗燕麦粥（每份膳食纤维含量约 14 克）开始新的一天、午餐吃一份墨西哥速烩豆（vegetarian chili，平均每份膳食纤维含量约 12 克）和一小份沙拉（平均每份膳食纤维含量约 4 克）时，摄入的膳食纤维含

① 憩室炎（diverticulitis）：憩室可以发生于身体的任何空腔脏器，最常发生于胃肠道。胃肠道的黏膜向外凸起，呈囊带状，这种异常的结构形态就是憩室。肠壁由里到外分为黏膜层、肌肉层及浆膜层等。结肠憩室是肠黏膜层因肠内压力长期过高而被压入结肠肌肉的格状结构中形成的。结肠憩室可分为先天性和后天性两种，以后天性为多。憩室的形成，尤其是在左结肠，几乎皆为老化现象，年龄越大，越容易发生。憩室本身并不会造成任何问题，但若其开口被阻塞，则形成憩室炎。——译者注

量就已经接近 30 克——要知道，我们现在还没有吃晚餐呢。

如果你想找到一种已被证明的、能够摄入更多膳食纤维的饮食方式来提升自己的肠道菌群水平，并且要求食物味道也还不错，那么来个牛油果吧。一颗牛油果约含 6 克膳食纤维，同时约含有 7 克健康的单不饱和脂肪酸。最近一项研究显示，每天吃一颗牛油果，不仅会增加肠道中分解膳食纤维的益生菌群的数量，还会使肠道整体菌群的多样性提升。但是，有益于我们的菌群只是吃牛油果的众多好处之一。牛油果还含有丰富的叶酸、维生素 K、维生素 E 以及钾、抗氧化物和健康脂肪，这对血压、视力、关节、胆固醇等都有好处。这真是太值了，赶紧来一份牛油果酱吧！

提醒一下，这一点非常重要，即在自己的饮食中逐渐加入膳食纤维。突然增加大量膳食纤维的饮食很可能会导致腹胀和腹泻。缓慢而平稳的饮食改变才会取得最终的胜利。我会在第 4 章进行详细介绍。

益生菌，对抗衰老最有力的武器

当我们的饮食中含有丰富的天然益生元和益生菌食物时，我们肠道内的菌群就会感觉不一样——我们的感觉也会不一样。这些食物可能正在成为对抗衰老最有力的武器。

益生元食物含有丰富的可溶性膳食纤维，为我们肠道内的菌群提供营养。可溶性膳食纤维有着非常难记的名字，如低聚半乳糖、低聚果糖、菊粉和菊苣纤维。我们在厨房可以找到各种富含益生元的食物，如杏仁、芦笋、菊芋、豆类、大蒜、杧果、梨、开心果和西瓜。富含抗氧化剂（茶多酚）的食物也是很好的益生元来源——我们的肠道菌群很喜欢。苹果、浆果、茶、黑巧克力和亚麻籽都是不错的选择。事实上，就可溶性膳食纤维和抗氧化剂而言，几乎所有的水果都是很好的益生元的来源。

益生菌食物即含有益生菌的食物，通常是指含有乳酸杆菌和双歧杆菌菌族的食物。由卷心菜制成的德国泡菜和韩国泡菜都是很好的选择，咸菜也不错。由豆类制成的味噌和印尼豆豉都含有丰富的益生菌。酸奶是经乳酸菌发酵制成的牛奶，富含益生菌。当然，我们也可以纯素食，不吃奶制品。我们要认准标签上的“益生菌”字样，以确保我们购买的产品含有丰富的益生菌。

尽管我们在肠道焕新的饮食中学到的不止这些，但至少我们应该定一个目标——每天吃一份富含益生菌和益生元的食物。我们也可以选择益生元和益生菌补充剂来达到这个目标。

植物营养素，免受自由基的伤害

植物营养素是对植物类食物中富含的成千上万种天然化学物质的一种统称，是使这些食物具有独特味道、香味和颜色的物质。植物营养素使橙子呈现橙色、红辣椒呈现红色、蓝莓呈现蓝色。植物通过这些化学物质来保护自己免受太阳的伤害，并防止自己被真菌、昆虫和人类吃掉。人类很幸运，因为有些植物营养素不仅味道不错，而且可以将其自我保护的功能传递给我们。

值得一提的是，许多植物营养素具有很强的抗氧化功能，能够保护我们的细胞免受自由基损伤。自由基这个词听起来很像是无政府主义者，它们总是想制造不安定和混乱的局面，而这正是自由基在我们体内所做的事情。我们体内无时无刻不在进行着成千上万种化学反应，在这个过程中每时每刻都在产生自由基，它们就像身体排出的废气。自由基是一种活性高、存活时间短的未配对电子的原子或基团。

自由基极不稳定，时刻伺机夺取其他电子来配对，这会造成距离最近的分子变成自由基——以此类推，形成恶性循环。大量自由基在细胞内游荡并寻找机会获取电子，这会对细胞膜、细胞内部结构甚至细胞核中的 DNA 造成损伤。这种损伤又会造成出现炎症、器官损伤甚至癌症的危险。

幸运的是，我们的身体对自由基有着强大的天然防御机制。抗氧化剂会为自由基提供其所需要的电子，快速中和自由基并终止级联反应[①]，并且在这个过程中不会产生新的自由基。

尽管我们的身体会产生抗氧化剂，但是依然需要从食物中获得额外的抗氧化剂，以完善我们的自由基保护机制。维生素 C 是一种超强抗氧化剂，它只能通过食物获取。我们的身体之所以需要这些抗氧化剂，是因为新陈代谢并不是产生自由基的唯一方式。例如，阳光中的紫外线就会引起自由基产生，这也是为什么长时间待在阳光下的人容易患皮肤癌和白内障。当我们的身体产生自由基的速度大于产生抗氧化剂的速度时，从食物中额外补充抗氧化剂就显得尤为重要了。

厨房新工具，绿茶与红酒

作为厨房焕新的一部分，我建议大家准备一台咖啡机、一把茶壶、一个超大的调料架、一个酒架和一台冰箱。这些装备，可以帮助我们做很多事情。

---

① 级联反应（cascade）：在一系列连续事件中，前面一种事件能激发后面一种事件的反应。——译者注

喝咖啡。早晨的咖啡香能让人感到愉悦。咖啡中的香味来自许许多多的植物化学物质，注意不包括咖啡因，咖啡因是无味的。这些植物化学物质在我们体内主要起到抗氧化作用，且非常有效，每天喝一杯咖啡能够降低 3%～4% 的死亡风险。适度喝咖啡（每天喝 200 毫升的咖啡 3～5 杯）可以降低患 2 型糖尿病、心脏病、结肠癌、帕金森病和认知障碍性疾病的风险。与不喝咖啡的人相比，喝咖啡的人肠道菌群更丰富，而且其中的抗炎细菌数量往往更大——即使我们饮食并不怎么好。

喝绿茶。千万不要被绿茶的清香味道迷惑了，绿茶也含有丰富的植物营养素。绿茶富含抗氧化成分，如表没食子儿茶素 -3- 没食子酸酯[①]，这可能有助于预防结肠癌和其他一些癌症。另外，绿茶中的左旋茶氨酸含量也很高，它是一种氨基酸，有助于我们抑制焦虑并改善认知能力。

食用香料。我们在做饭时使用香料，能够获得数种植物营养素混合而成的美味。以肉桂为例，这种我们在苹果派中使用的小香料，实际上含有 11 种不同的具有抗氧化作用的植物营养素。姜黄是另一种富含抗氧化剂的香料，并且已被证明能够引起肠道菌群发生积极改变，使肠道菌群更具多样性并预防菌群失调。我们使用的香料越多，得到的抗氧化剂也就越多。现在，我们在做饭时有更充分的理由来使用香料，并尝试使用来自世界各地的香料了。

饮用红酒。发酵食品对人体有益，红酒就是由葡萄发酵酿成的，适量饮用（每天不超过 1 杯）对我们的肠胃有益。不过在发酵过程中产生的酒精对人体并没有什么好处，很可惜，其他任何类型的酒

---

① 表没食子儿茶素 -3- 没食子酸酯（epigallocatechin-3-gallate，EGCG）：茶多酚中最有效的活性成分，属于儿茶素。——译者注

精对人体也都没有好处。红酒中特有的多酚能够提高我们肠道菌群的多样性。适度饮用红酒不仅有益于心脏，还能降低胆固醇，并让我们保持健康的体重。每两个星期喝一杯红酒就足以提升肠道菌群的多样性，但是每天喝超过一杯的红酒并不会使菌群多样化变得更好。

用冰箱储存食物。肠道健康的一个关键因素是增加每天蔬菜和水果的摄入量。但这样做成本可能会增加，为了降低成本并且保证总能吃上足量的水果和蔬菜，我们需要储存冷冻食品。从营养学的角度来说，冷冻食物和新鲜食物的营养价值实际上是差不太多的，因为这些食物是在成熟的高峰期进行采摘和冷冻的。事实上，冷冻的羽衣甘蓝抗氧化剂含量甚至比新鲜的羽衣甘蓝还要高，冷冻桃子的维生素C含量也比新鲜桃子要高。冷冻还可以让我们充分利用自家花园或当地农贸市场的季节性丰收存储食物，这样我们全年的食物就有了更多的选择。这样做的缺点是冷冻食物的口感会改变。但是，我们可以在煲汤、炖菜、做沙冰和在其他那些不怎么要求口感的菜品中使用这些冷冻食物，这样问题就迎刃而解了。

加工类肉，增加患癌风险

只有一种食品基本上是我要求我所有的患者不要食用的，那就是加工类肉。我知道不吃培根、火腿、肉干和香肠等加工类肉真的太难了，但是，加工类肉真的很不健康，含有大量的盐、坏的脂肪和化学添加剂。为了方便保存，加工类肉在制作过程中还加入了硝酸盐和亚硝酸盐，这些都是已知的致癌物，会增加我们患癌症尤其是结肠癌的风险。世界卫生组织直接将加工类肉列为致癌物，注意不是将其中的某种物质列为致癌物。当然，偶尔吃一次加工类肉并不会要了我们的命——我就在前阵子吃了我一年一度的热狗餐。但是，请相信我，我们最好把加工类肉的摄入量降到最低。

如何储备好的脂肪

脂肪对身体有害吗？答案是：并不然。不好的脂肪对身体有害，但是好的脂肪对身体健康至关重要。脂肪是由甘油和脂肪酸组成的。好的脂肪和坏的脂肪的区别就在于脂肪酸分子的结构。下面我们来详细地说一说：

> 由饱和脂肪酸构成的脂肪在室温下呈固态的脂肪，如黄油。大部分饱和脂肪酸存在于动物脂肪（椰子油是一个罕见的例外）中。一般来说，饱和脂肪酸对身体有害，因为饱和脂肪酸会增加我们体内的胆固醇，增加患心脏病和脑卒中的风险。高饱和脂肪酸食物还会使本身有肠道问题的人的结肠收缩。同时，饱和脂肪酸会使我们肠道内引发炎症的细菌数量和细菌种类增加。
>
> 单不饱和脂肪酸主要来自植物油，包括橄榄油和花生油。冷榨油和加工程度最小的油对我们的身体是有益的。牛油果是一种神奇的单不饱和脂肪酸来源，单不饱和脂肪酸有助于降低胆固醇，并对肠道菌群有益。
>
> 多不饱和脂肪酸包括 ω-3 脂肪酸等。它来源于一些植物油，如葵花子油和鱼油。鱼油是很好的选择，鱼油能为我们的身体提供必要的脂肪酸，这些脂肪酸能够参与细胞膜的构建，并制造神经递质、激素、酶和其他身体运转所需要的化学物质。

> 反式脂肪酸是不饱和植物油经过深度加工得到的，在室温呈软化状态，如人造黄油。反式脂肪酸被广泛应用于加工类食品和制造类食品。反式脂肪酸对我们的动脉损害很大，美国食品药品监督管理局要求：如果每份食品中反式脂肪酸含量超过0.5克，食品制造商就必须在标签上标明具体含量。

总的来说，单不饱和脂肪酸和多不饱和脂肪酸是好的，非常有益于肠道菌群。饱和脂肪酸是不好的，因为饱和脂肪酸会导致引发炎症的细菌增多。反式脂肪酸尤为不好，因为反式脂肪酸会把肠道菌群转为与肥胖相关的菌群。

如何摄入足够的蛋白质

当我向我的患者推荐植物性食物时，他们经常担心不能摄入足够的蛋白质。我理解这种担忧，毕竟，我们的身体需要蛋白质中的氨基酸来正常地生长、修复并制造所有的酶、激素、化学信使、抗氧化剂和其他以蛋白质为基础的化学物质，所以我们要确保我们补充了足够的蛋白质。相信我，从本书提供的饮食方案中我们会获得充足的蛋白质。许多人认为蛋白质只能从动物性食物中获取，如肉类、鱼类、奶类和蛋类，但事实上，植物性食物也是很好的蛋白质来源。无须动物性食物，我们也可以轻松获取日常所需的蛋白质，因为我们对蛋白质的需求实际上并没有那么高——远远低于我们大多数人每天的摄入量。

目前，我们每日的蛋白质建议摄入量为50克，这是基于2 000卡路里的饮食所得出的。让我们换个角度来看，一颗鸡蛋提供的蛋白质大约为6克，一片奶酪提供的蛋白质大约为7克，一份1/4磅（1磅≈454克）汉堡提供的蛋白质为 14 克，而一只烤鸡腿提供的蛋白质大约为 30 克。而在植物性食物中，一杯煮熟的豆浆大约含有 15 克蛋白质，一杯煮好的藜麦大约含有 8 克蛋白质，而一盎司（1 盎司≈ 28 克）杏仁大约含有 6 克蛋白质。就连绿色蔬菜中也含有蛋白质，一杯做好的羽衣甘蓝含有大约 3 克蛋白质。所以，如果按照我的饮食计划，不吃红肉，并减少其他动物性食物的摄入量，通过增加饮食种类，我们可以轻松获取日常所需蛋白质。与此同时，我们还能改善自己的消化系统，因为比起牛肉中的饱和脂肪酸，我们的肠道其实更喜欢植物性蛋白质和白肉动物蛋白质，如鱼肉和家禽肉。低脂肪蛋白质更容易消化，并且也更有益于肠道菌群。

神奇的蘑菇

我是蘑菇的忠实粉丝。先不要太兴奋，我说的是普通的食用蘑菇，不是致幻蘑菇（shroom）。蘑菇是一种让我们在饥饿时能够得到充分满足的美味食物——并且对我们有着令人难以置信的好处。蘑菇富含各种维生素和矿物质，同时含有大量的多酚，这使得蘑菇具有强大的抗氧化活性。难怪有多项研究证明，蘑菇可以抗癌、降血压、降血糖、抗过敏和抗胆固醇活性。最近，有一点变得越来越明朗，那就是蘑菇所产生的这些作用都来源于其自身的益生元对肠道菌群的影响。所以，请尽可能在我们的饮食中加入蘑菇这种有益于肠道的食物。或许普通的食用蘑菇不能像其“姐妹”致幻蘑菇一样给我们狂野的幻想，但是它们同样具有魔法！

作为肠道焕新的一部分，我们应该把糖罐扔掉。高糖饮食不仅有增加体重的风险，还意味着患心脏病、2 型糖尿病、癌症、脂肪肝及认知能力下降，甚至患抑郁症的风险都会增加。因为这种饮食会使我们的肠道菌群紊乱，从而导致慢性肠炎。

这是否意味着我们永远不能放纵自己？不是。像蛋糕、饼干、布朗尼馅饼、丹麦酥和甜甜圈这样的甜点，适合一些特殊场合的款待，但是这些甜点不应该成为我们日常饮食的一部分。另一种危险因素来自加工类食物。加工类食物通常都添加了糖，并且打着高果糖玉米糖浆的幌子。另外，大部分果汁、软饮料（不含酒精的饮料）、苏打水也只不过是高果糖玉米糖浆、水和化学调味剂的混合物，甚至包装好的高汤和沙拉酱也添加有大量的糖。远离这些食物，我们对糖的摄入量自然也会减少。

好吧，那我们就用人工甜味剂代替糖，从而减少糖的摄入量吧。于是我们把含糖苏打水换成了零热量的苏打水。这样做好吗？并不好。这样做确实会减少我们热量的摄入量，但付出的代价是肠道菌群受损。一些研究表明，包括阿斯巴甜、三氯蔗糖和糖精、低脂糖在内的甜味剂都会破坏菌群的平衡，造成益生菌数量减少。

我承认我爱吃甜食，老实说，我特别爱吃甜食。但是现在我用水果，包括新鲜水果和水果干（不加糖），满足我对糖的渴望。水果中的天然糖分更加健康。我们也可以适量摄入水果中的糖，但是这要困难得多。想象一下，如果让我们连续吃 6 块巧克力曲奇，这很容易就能实现，就是再来几块也没问题，但如果连续吃 6 个橙子就要困难一些，不过如果我们想办法把这 6 个橙子全都吃掉了，我们摄入的总热量会低很多，更何况我们还得到了很多其他营养素，如膳食纤维、维生素 C 和钾，而不是白面粉、高果糖玉米糖浆和坏的脂肪。我将在第 11 章及本书后面的食谱中提供更多有关肠道焕新的甜品选择，这是不是很值得期待？

在我们扔掉厨房中那些旧橱柜的同时，请顺便把橱柜中原来有的一些食物也一起扔掉。扔掉那些含糖的早餐麦片、饼干、薯条和所有其他的垃圾零食，以及低营养的加工类食品。在我们崭新的橱柜中存储一些肠道焕新饮食所需要的食物。把麦片换成燕麦片，把饼干换成水果干和坚果，把薯条换成皮塔饼（又名口袋饼）。我知道这种改变可能需要一段时间来适应，我们可能会听到家人的抱怨，因为他们想吃自己最喜欢的垃圾食品，但是，我们需要为肠道焕新做出改变，不是吗?

减肥，从改善肠道菌群开始

对于我来说，良好的健康状态和延年益寿要比体重计上的数字重要得多。但是，我们不能忽视超重或者肥胖对我们肠道产生负面影响的事实。腹部脂肪过多，也就是大肚子（大肚子和肠道在英文中为同一个单词 gut），对我们的肠道健康尤为不利。反之亦然，肠道失调会导致体重增加，形成不良的饮食习惯和肥胖。尤其是疫情防控期间，人们不仅零食吃得更多，活动量也比平时更少。这就造成许多人的体重明显增加，减肥成为现在许多人的首要任务。有一个好消息，那就是如果按照我在第 11 章中列出的肠道焕新饮食计划执行，我们还是有机会减肥的，当然前提是我们确实需要减肥，因为我们采取一种更健康的饮食方式。

我认为最重要的是我们要认识到体重对我们肠道菌群的影响。许多超重的人，其肠道内的拟杆菌和厚壁菌这两种主要的菌群无法达到平衡，通常拟杆菌更多。这会引起一系列新陈代谢的改变，从而导致肥胖。那么还有没有其他一些因素会导致肥胖，从而造成肠道菌群失衡呢? 改变我们的肠道菌群构成会不会改变体重呢?

这个问题问得好，动物研究证明这是可能的。有趣的是，良好的饮食方式关注的是身体健康，并非减轻体重。当超重的人们改用地中海式饮食，即使他们的体重没有减轻，其体内的胆固醇水平和肠道菌群也会有所改善。

当我有时想到肠道菌群影响我们身体的工作方式时，我甚至会思考究竟谁是领导者：是我们还是肠道菌群？当谈到对食物的渴望甚至成瘾时，可能是我们的肠道菌群在悄悄地运作。一些肠道细菌对食物有着不同的偏好。例如，有益的拟杆菌属细菌更喜欢脂肪。如果有足够多的脂肪，拟杆菌属细菌就会变得更多、更强壮。那么，如果拟杆菌没有在我们的饮食中获得足够多的脂肪会怎么样呢？或者，如果拟杆菌更多了，那需要比原来更多的脂肪吗？它们会让我们想吃更多的脂肪。这些疯狂的细菌可能通过其代谢产物来影响我们的大脑，让我们想吃更多的高脂肪食物，以此来达到它们的目的。大量的动物研究数据证明，肠道菌群能够影响行为，对食物的渴望和对某些食物上瘾很可能是因为我们自身的肠道细菌。

特殊饮食，消化系统疾病患者的福音

到现在为止，我们已经介绍了关于健康饮食的一些基本原则，但是这些原则并不适合所有人。我的那些具有消化问题的患者经常需要对这些方法进行调整，以此来适应其特殊的肠道问题。例如，乳糜泻患者不能吃含有麸质的食物，麸质是一种存在于小麦、大麦和黑麦中的蛋白质。对于乳糜泻患者，麸质会引发免疫反应，造成小肠炎症和损伤。目前，对于乳糜泻患者，唯一的治疗方法是严格控制饮食中麸质的摄入量。幸运的是，经过调整，不能食用麸质的患者也可以很容易地执行肠道焕新饮食方案。

乳糖不耐受症是另一种很容易通过饮食改变而解决的肠道问题。乳糖不耐受症患者本身不再产生乳糖酶，但是需要这种酶来消化牛奶和冰激凌等奶制品中的乳糖。婴儿之所以能够消化牛奶是因为婴儿会产生乳糖酶，但是，过了孩童期之后，我们的身体就不会再大量产生这种酶。具有西欧或北欧血统的人可能在成年后还会继续产生乳糖酶，但是，大约有 3 000 万美国人在 20 岁时都会出现一定程度的乳糖不耐受症。当乳糖不耐受症患者食用牛奶或奶制品时，会出现腹胀、胀气，有时还会出现腹泻。对于乳糖不耐受症患者来说，避免食用乳制品就可以避免发病，但是谁愿意在生活中连偶尔吃一次冰激凌都不可以呢？所以，在食用乳制品时，我们可以通过服用非处方的乳糖酶补充剂来暂时提供缺少的乳糖酶。一些轻度的乳糖不耐受症患者可以在一顿大餐中吃少量的奶制品食物。但是对于重度乳糖不耐受症患者来说，唯一的解决方法就是不吃奶制品。乳糖还经常作为加工类食品的添加剂，所以在食用加工类食品时，要看清楚配料表，或者最好不吃加工类食品。

因为肠道焕新计划的饮食中并没有很多乳制品食物，所以乳糖不耐受症患者也可以很好地坚持下去。有一种我们在肠道焕新计划中频繁出现的食物被认为是乳制品，那就是酸奶。许多乳糖不耐受症患者都可以耐受酸奶。这要多亏酸奶中的细菌消化了乳糖，所以在我们食用酸奶时其实已经不会摄入太多乳糖了，细菌帮我们解决了乳糖不耐受的问题。还有些人并不能产生乳糖酶，但仍然可以耐受牛奶，这是因为他们的结肠中有许多喜欢乳糖的细菌。正是这些细菌做了缺少的乳糖酶应该做的事情，消化乳糖并生成乳酸作为副产品，注意这里不是生成氢气，所以我们并不会感到胀气。我们可以服用一种含有类似于乳糖的不可消化的多糖的益生元，这样我们就可以喂养结肠中的乳酸菌，从而改变肠道菌群，提高乳糖耐受性。实验表明，这种方法在有些时候很管用，并且对于乳糖引起的腹痛很有效。这项研究正在进行临床试验，接下来的几年我们会得到更多的数据。肠道生成乳酸菌的益生菌基因工程是另一个很有前途的方向，这项工程可能很快就会进入黄金时代。

另一种我在诊所经常看到的胃肠道问题是胃灼热，更为严重的就是胃食管反流。胃食管反流是人们去看胃肠病医生最常见的原因之一，约 20% 的美国成年人受到这种疾病的困扰。究竟为什么会出现这种情况呢？是这样的，通常我们的胃里会分泌胃酸来启动消化流程，当胃酸分泌过多时，就会上升到食管，即连接我们喉咙和胃的通道，继而引起胃灼热感和炎症。食管下括约肌是位于食管和胃之间的圆形肌肉瓣膜，在我们吃东西时它会自动打开，让食物进到胃里，不吃东西的时候闭合，以防止胃酸进入食管。如果食管下括约肌变得松弛或放松，就会使胃酸上行进入食管，出现胃酸反流的情况。几乎每个人都会偶尔有胃灼热的感觉，尤其是在我们饱餐一顿后躺下的时候。但是，如果这种情况频繁发生，我们就需要关注是否患了胃食管反流。如果是，这就不仅仅是疼痛了，因为食管频繁受到刺激，会出现炎症、肿胀甚至溃疡。未经治疗的胃食管反流会导致食管狭窄，食管狭窄会造成吞咽困难，甚至引发癌症。

一些小小的改变就能为感到胃灼热和患有胃食管反流的人带来很大的帮助。比如晚餐后至少等两小时再睡觉，并且保持直立（坐着或站着）状态。当我们直立的时候，重力会帮助我们把胃酸留在胃里。当我们吃得很饱，又马上躺下时，食管下括约肌很容易打开，这样胃酸就会进入食管。通过等待，我们的胃就有了排空的时间，之后我们再躺下的时候，对食管下括约肌的压力就会减小。另外，用少吃多餐的方式代替一日三餐也会对这些患者有所帮助。

控制胃食管反流的重要途径之一就是低酸饮食。通过调整饮食将胃酸的分泌量保持在最低水平，这样就不会引起胃灼热或者胃食管反流。同时，我们还要避免食用那些能让食管下括约肌松弛的食物。能够引发胃食管反流的食物通常有高脂肪食物，如法式炸薯条和培根；高酸性食物，如西红柿、柑橘类水果、咖啡因、巧克力、薄荷和辛辣食物。低酸和碱性食物有蔬菜、非柑橘类水果、瘦肉、海鲜、燕麦和大米等谷物以及健康脂肪。肠道焕新计划中提供了很多种低酸和碱性食物。

如果饮食和生活习惯改变都不能控制胃食管反流症状，那么下一步我们通常要服用非处方或处方类的抗酸药物来解决问题。一些早期的研究表明，服用益生菌补充剂也可以改善症状，并且相较于抗酸剂，益生菌补充剂可能会更加安全。

对于肠易激综合征患者，我经常推荐用低短链碳水化合物饮食[①]来改善他们的症状。短链碳水化合物是指可发酵的低聚糖、双糖、单糖和多元醇。这些多糖广泛存在于牛奶、酸奶、冰激凌以及面包、早餐麦片等以小麦为基础的食物中，也广泛存在于豆类和一些蔬菜，如洋葱、大蒜和芦笋中；还存在于一些水果，尤其是苹果、桃子、樱桃和梨中。高果糖玉米糖浆和人工甜味剂也同样都在避免食用的名单上。是不是这些食物听起来很熟悉？我在本章中谈到麸质、乳糖和膳食纤维的时候提到过。乳糖不耐受症患者比平常人更难消化这些食物，因为这些食物在小肠中很难分解。当这些食物到达结肠后，不仅会吸收很多水分，还会为细菌提供大量半消化的食物。这就会导致腹胀、痉挛、胀气、腹泻、便秘，甚至肠道菌群失调。为了最大限度地减轻相关症状，减少对肠道的刺激，我的患者会采用低短链碳水化合物且高营养的饮食方式。

餐厅，在放松的环境里专注地吃

厨房焕新的最后也是最重要的一环就是学习怎么吃。在快节奏的现代生活中，花点儿时间来欣赏我们的食物比以往任何时候都难，也比以往任何时候都重要。和我一样生活在城市的人，或许家里都没有一个像样的餐厅，但

① 低短链碳水化合物饮食（low FODMAPs diet）：也就是减少主食的摄入量。——译者注

是我们仍然可以让就餐区成为享受美味和练习正念饮食[1]的地方。我在一个信奉佛教的家庭长大，很小就接触过“正念”的概念，但是在成年之前，我从来没想过这会对我的身心健康产生多大的影响。正念是健康生活的关键因素之一，具体我会在第 7 章中详细介绍。正念饮食意味着我们要有意识地决定自己怎样吃、什么时候吃和吃什么，并最终养成一个更健康的饮食习惯：慢慢吃，坐下来吃，并在一个放松的环境中专注地吃——所以不要再吃办公桌午餐，或者在吃饭时处理各种事务了！我是多种任务处理狂人，所以我知道我为所说的事情要付出什么。不要再站着吃饭，或者边看电视边吃饭，或者因为着急做其他事情而狼吞虎咽。

正念饮食的另一个重要组成部分就是感受身体的饥饿感和饱腹感。在我们开吃之前，问问自己：我是真的饿了吗？还是我只是因为无聊、焦虑或者伤心而进食。有时候我们甚至分不清楚自己是渴了还是饿了。当我们开始吃饭的时候，慢慢咀嚼并仔细品尝食物的质地和味道，这些都有助于我们控制食量。

正念饮食同样适用于采购食物前。在我们购买食物之前，想想我们现在的心情，想想这些食物会给我们带来什么。问问自己，我购买这些小零食是因为它们很健康并且令人有饱腹感，还是因为放纵才买的。当我们去超市购物的时候，我们还应该把注意力放在我们真正要购买的食物上，不要漫无目的地闲逛，去浏览那些吸引我们注意力的东西。当然了，千万不要饿着肚子去逛超市！

---

① 正念饮食（mindful eating）：来源于正念，它不仅仅要求人们全神贯注并缓慢地进食，更是一个健康的、长期的生活习惯和状态。为了关爱自己而全身心地关注食物，享受食物，并意识到身体对于事物的反应，从而更好地驾驭食物，而不是挣扎在控制与被控制、想吃又有负罪感的搏斗之中。正念饮食与普通的健身方法不同，它是通过改变饮食习惯，养成一个长期的有益于身心健康的生活方式。通过减轻焦虑、提高饮食过程中的感知力和注意力来更好地吃。——译者注

最后，说一下我最喜欢的一个仪式，就是在我们吃饭前，对我们的饭菜表示尊敬和感激，这有点儿类似于餐前祷告。花点儿时间想一想食物从哪里来，想想生产食物的人和环境，想想与我们一起分享食物的人——这会帮助我们更清楚地认识到食物是如何影响我们自身环境，也就是我们的身体的。

现在，我们的厨房已被彻底焕新，我们需要把精力转移到一个更小但同样也很重要的空间——卫生间。

肠道焕新小妙招

微观管理。富含天然益生菌和益生元的饮食会给我们的肠道菌群带来很大的改变。当我们选择含益生菌的食物时，确保不要煮太长时间，否则可能会杀死这些有益的细菌。我们最好生吃或者在饭菜快熟的时候再把这些食物加进去。

关注膳食纤维。每日膳食纤维摄入量至少 25 克是改善肠道健康的关键。在早餐酸奶或奶昔中加两汤匙亚麻籽，可以轻松将膳食纤维量增加 11 克。我们还可以在包里放一片水果、几根胡萝卜条，或者是一根高膳食纤维小吃棒，以备在饿的时候吃；或者在吃饭时点一份配菜沙拉，在看电视的时候吃爆米花或者高膳食纤维蔬菜条。

跟着彩虹的颜色走。这些富含膳食纤维的水果和蔬菜同样是很好的植物营养素的重要来源，非常有益于身体健康。我们可以制订一个 5 天计划，并将每天至少吃一种颜色的水果（如苹果、李子、橙子、奇异果、浆果）和两种颜色的蔬菜（如西红柿、胡萝卜、羽衣甘蓝）作为计划的一部分。

🛠 饭后刷牙。当压力很大的时候，我发现自己总是想不停地吃零食，总是在厨房翻箱倒柜，找那些吃起来脆脆的、甜甜的零食。我阻止自己这样做的一个窍门就是饭后立即刷牙。一旦我刷牙了，我就不再想吃东西了。

🛠 解决问题。工作有压力或者感到无聊会让人想在办公室吃东西。准备一些健康的小零食，这样我们就不会被休息室的甜甜圈诱惑了。准备一罐坚果就很方便，水果干、全麦椒盐脆饼干和低脂奶酪等也是不错的选择。

🛠 精神胜过物质。虽然我们的目标是专心吃饭，但是有时确实很难实现。如果我们有一个干净的厨房（指没有垃圾食品），那么我们就不太可能无意识地拿起不健康的零食。所以，请两周清理一次食品储藏柜，以确保我们在某个脆弱的时候或者我们的孩子不会悄悄地去吃任何过度加工类食品。

GUT RENOVATION

第4章

消除问题

卫生间

如果把消化系统比喻成一系列长长的管道，我们可以想象一下管道出现问题会怎样？堵塞、泄漏、破裂以及一系列很棘手的问题可能随时出现。这就是为什么下一个房间——卫生间是我们肠道焕新的关键部分。当把这些问题对应到我们的身体时，管道堵塞就代表便秘，而管道漏水则代表腹泻。多年与患者打交道的经验告诉我，讨论这个非常私人的问题的唯一方法就是尽可能地坦诚和不尴尬。所以轻松一点儿，让我们一探究竟吧！

对于排便，我们有很多礼貌的和不那么礼貌的委婉说法。因为家里有两个年轻的男孩，让我知道关于排便的所有说法。但是从医学角度讲，作为正常消化的一部分，我们每个人都会产生大便和排便。我想我们每个人都能科学并准确地表达出来。

大便是消化过程的最后一站。它主要由小肠内未破碎和未消化的固体或者半固体的食物残渣组成，这些食物残渣会被结肠内的细菌进一步分解。食物残渣约占大便的 15%。大便中同时还含有肠壁上死去的细胞、死去的细菌、一些活着的细菌（这是大便闻起来有味道的原因）和一些其他的代谢废物。然而，大便中最多的成分是水。即使在食物和饮料中的液体已经被我们的消化道吸收，水仍然占每次大便的 75%。总的来说，我们的排便量加起来每年至少有 400 磅。

在大便到达我们的直肠之前，整个过程都是自动完成的——也就是说，我们不会意识到它。但是，当有足够多的大便到达直肠后，牵张感受器[①]就会向我们发送信息：是时候排便了。排便过程是否顺利取决于我们的饮食中是否摄入了足够的膳食纤维和水分，膳食纤维能够保持大便足够的体积和形状，水分可以使大便柔软并容易排出。

为什么我要讲这些关于大便的信息？朋友们，为了印象深刻，我们必须观察一下我们的大便。大便里有很多信息，如果我们不看一下就将其冲掉，我们就会错过这些信息。现在，对于有些人来说，观察自己的大便已经不是新闻了，并且已经习以为常。当我请我的患者描述他们大便样子的时候，有些人很自豪地拿出了照片。感谢智能手机，即使业余摄影爱好者也能成为有专业水准的大便摄影师。

但是有些人会完全回避这个话题，对于这些人，我们需要给予一些鼓励。这里还有一些颜色和质地需要我们注意。由于胆红素，我们的大便通常是深棕色的，胆红素是老化的红细胞分解的产物。但是，由于我们吃的东西不同，大便的颜色可能会有所不同。比如，甜菜根和蔓越莓可能会使我们的大便暂时变成红色，菠菜可能会使大便看起来几乎是黑色的。同样，铁补充剂和次水杨酸铋也会让大便看起来是黑色的。当我们腹泻时，粪便通常是绿色的，这通常是胆汁色素的颜色，因为食物通过消化道的速度太快，肠道细菌还没来得及将其分解成正常的棕色。当然，绿色粪便也可能因为我们庆祝圣帕特里克节[②]过于热烈，吃了太多的食品级绿色颜料而引起的。

① 牵张感受器（stretch receptor）：又称张力感受器，是与肌肉牵张度有关的感受器。——译者注

② 圣帕特里克节（St. Patrick's Day）：为了纪念爱尔兰守护神圣帕特里克的节日，在每年的 3 月 17 日举行。5 世纪末期起源于爱尔兰，如今已成为爱尔兰的国庆节。圣帕特里克节的传统颜色为绿色。——译者注

这种颜色变化大多是正常的，但是，我担心的是可能与内出血有关的情况。褐红色的大便可能意味着小肠末端或者结肠部位出血。又黑又臭的柏油样大便可能意味着胃部或者小肠上端的消化道出血。大便上的鲜红色条纹通常意味着结肠末端出血。这可能是痔疮引起的，是一个非常令人讨厌的事情，但通常不是最令人担忧的问题。但是，只要出现便血，就应该去看医生并请医生进行检查，因为便血也是癌症的症状之一。

如果我们的大便是黄色的，但是非常臭、起泡、泡沫多或者很难冲干净，我们同样需要去看医生。因为这种症状可能意味着乳糜泻或者严重的肝脏、胰腺疾病。还有颜色需要注意吗？是的，灰白的、黏土颜色的粪便可能表明患有胆囊疾病。

便秘

卫生间里最常见也最让人头疼的就是管道堵塞——便秘，这是最常见的胃肠道问题之一。每年大约有 250 万人，也就是 16% 的美国人因为便秘就医，这还不包括那些自己处理而没有就医的人。并且，这一症状会随着年龄的增长变得越来越普遍，60 岁以后便秘的发病率会增加一倍。便秘的表现如下：

每周排便少于 3 次；
大便坚硬、干燥或结块；
排便困难或者排便疼痛；
排不干净。

但是正如我对我的患者所说的，只有当我们感觉是便秘的时候才是便秘。每个人的排便规律都不同，如果我们的排便没有引起任何疼痛或者其他不适，即使从学术角度算便秘，那我们也很可能没事。我们更需要关心的是我们的排便规律有没有变化，或者我们的排便是否给我们造成了痛苦——这时我们就需要做一些检查了。

引起便秘最常见的原因就是饮食中膳食纤维含量过低。我们需要膳食纤维来锁住水分并增加大便体积，这样会容易排便。如果我们开始实行我的肠道焕新饮食计划（详见第 11 章），那么我们的饮食中就会摄入更多的膳食纤维。我们将发现大便的硬度、形状和频率都会发生改变。脱水也会导致便秘，这也是为什么说水对肠道健康很重要。

引起便秘的原因有很多，一些医疗问题也会引起便秘。孕妇经常会便秘，因为有些药物如阿片类止痛药和抗组胺药，以及一些补充剂，如铁或者钙的补充剂都会引起便秘。一些肠道问题也会引起便秘。压力、久坐、跨时区旅行和缺乏锻炼都会引起便秘。忽视排便的感觉（憋着不排便）也会导致便秘。还有一个有时会被忽视的原因，就是甲状腺功能减退，这对女性尤为明显。并且，有时我们只是经常感到便秘却不清楚原因——这种情况称为功能性便秘或者慢性特发性便秘。

很多时候，我们可以通过简单的饮食和改变生活习惯来治疗便秘。远离垃圾食品，垃圾食品会让我们的消化速度变慢；多吃水果和蔬菜，来增加膳食纤维的摄入量。记住要循序渐进地增加膳食纤维的摄入量，因为突然加大饮食中的膳食纤维量会引起痉挛、腹胀和胀气。

另外，一定要多喝白开水，每天至少喝一升水就能够避免脱水，并保证结肠能够吸收到足够的水分，防止大便干结。我们还可以多加锻炼，锻炼可以使结肠肌肉保持健康，让我们在排便时骨盆肌更有力。同时，由于便秘还和菌群失调有关，所以服用益生元和益生菌补充剂也会有助于治疗便秘。

如果仅靠饮食中增加膳食纤维还是不够时，我们就要考虑使用膳食纤维补充剂了，如洋车前子或亚麻籽、甲基纤维素、聚卡波非钙。我们只需要将粉末补充剂倒入水中，搅拌后喝掉。当它们到达结肠后，会形成一种软凝胶。软凝胶能够使大便保存更多的水分，使其体积变大也更容易通过。既然我们已经知道膳食纤维在一般情况下对我们的肠道健康有很大的益处，而且这些补充剂通常比较安全，所以我们可以长期服用。以上这些措施通常非常有效，但是对于慢性便秘，我们有时不得不采用更强有力的措施——使用泻药。通常情况下，我们会优先尝试非处方类的渗透性泻药，这种泻药通过将水吸入结肠从而刺激排便来治疗便秘。

非处方类的刺激性泻药是治疗便秘的第二选择。对于大便坚硬、很难排便的患者，我通常会建议使用大便软化剂如多库酯。这些产品也有助于改善处于手术恢复期的患者和需要服用阿片类止痛片患者的便秘情况。最后，还有一些治疗便秘的处方药，这些药通常是为情况比较严重的患者准备的。

结肠清洗

结肠清洗和洗肠也许很时髦，并且有一定的名人效应，但是它们并没有任何真正的好处。我们的结肠不需要清洗——因为我们每次排便对于结肠来说都是一次清洗。当我们用含有“神奇”成分的任何限制性饮食来清洗结肠时，基本上只是额外多排了许多大便而已。当把管子从直肠插入结肠，并用大量的水来冲洗结肠时，就相当于我们通过一次完全彻底的排便排空了结肠。但是，当我们下次吃东西时，大便又开始形成了，所以它在实际上并没有改变任何东西。结肠清洗既会令人不舒服，价格又比较昂贵，并且还可能因为设备消毒不当或者可能存在的结肠损伤而导致感染。清洗结肠最糟糕的部分是什么？一次性就将我们结肠中的大量益生菌清除了。

腹泻

另一种困扰就是我们的“管道”漏水问题——腹泻。幸运的是，大多数急性腹泻都只会引起一到两天的不舒服，我们的排便会很快恢复正常。引起急性腹泻的原因有很多，但最常见的原因就是病毒性感染和食物中毒。像流感、诺如病毒和轮状病毒（rotavirus，在儿童疾病中臭名昭著）等引起的病毒性感染是胃病或者胃炎的常见原因。它们具有很强的传染性，并且几乎不可避免——我们很可能每隔几年就会感染一次。而食物中毒略有不同，通常是由吃了或者喝了被常见的细菌污染的东西而引起的，如沙门菌、大肠杆菌或者细菌毒素。对于这种类型的腹泻，我们通常只需要等着它们排出体外就可以了，稍后我会详细描述我们需要自己采取的措施。在这种情况下不要急于使用抗生素，抗生素很可能不仅不能改善我们的腹泻症状，反而会破坏我们的肠道菌群平衡。

另一种引起腹泻的常见原因是食物不耐受和过敏。当我们吃了非常不适合我们吃的物质，而我们又尝试去消化它的时候，就会引起腹泻。常见的物质有辛辣食物、牛奶和奶制品中的乳糖和麸质。还有些人很难消化糖醇，糖醇在苹果汁、许多减肥糖果和口香糖中很常见。

为了找出让我们胃难受的原因，我建议大家做一个饮食日记，记录一下我们每天都吃了些什么，以及随后出现的所有症状，如疼痛、腹胀或是腹泻。只需连续记录一周或两周，我们记录的信息就可以帮助自己或者医生找出一些相关性，找出诱发原因。关于麸质的特别说明，如果我们怀疑自己患有乳糜泻，那么在我们去检测之前先不要禁食麸质食物。因为如果我们在检查前就禁食麸质，则会造成乳糜泻的检测不准确。有时腹泻是由寄生虫引起的，如梨形鞭毛虫，通过感染动物的粪便传播（有时称为海狸热）。若人们喝了受污染的水或者直接饮用湖泊或小溪的水，就容易感染。另一个需要考虑引起不适的因素是药物，如含镁的抗生素或者抗酸剂。同时，不要忘了压力，压力也是导致胃肠难受常见的原因之一。

卫生间通行证

我是一个爱旅行的人，但是我会尽量避免旅行带来的其他问题。腹泻是最常见的与旅行相关的疾病——我可不想把腹泻作为纪念品带回家。但是，只要我们的消化系统暴露在不熟悉的细菌和寄生虫的环境中，腹泻就随时随地都可能发生。尽管腹泻会打乱旅行行程，但幸运的是旅行者腹泻很少危及生命。为了降低患腹泻风险，我们需要采取预防措施，最好只吃热的熟食。生的水果和蔬菜只有在干净的水中清洗过或者把皮削了才可以吃。只喝桶装的水和饮料。注意，不要随意吃冰——因为它可能是由污染过的水制成的。

如果可以的话，勤用肥皂水或清水洗手；如果不能洗手，使用含有酒精的洗手液给手消毒。

我们仍然可以成为一位勇于冒险的食客，在旅行中享受街头小吃。把点来的热的食物和饮料马上吃掉通常都是正确的。所以，用我们的常识来判断即可。

有可能我们在旅行途中已经不小心感染了寄生虫，例如能导致阿米巴痢疾的阿米巴虫（没开玩笑）。如果在旅行回来后腹泻没有消失或者在回家后才开始腹泻，我们就需要去看医生，医生会让我们进行大便化验，请务必告诉医生我们曾经去过哪些地方。

急性腹泻会造成我们体液快速流失。如果我们丢失的体液大于补充的体液，就会出现脱水，需要尽可能快地补充丢失的体液和电解质。

如果我们能够保持进食，那么补充体液就像喝白开水那样简单。如果我们不能进食，或者我们想在补充体液的同时补充电解质，那么可以尝试一下稀释的、无糖的水果汁、运动饮料、肉汤或者口服补液盐（在任何药店都能买到）。

一旦我们觉得可以吃饭了，我建议先清淡饮食。这里有一个流行的 BRAT 饮食法的改良办法。BRAT 饮食法最初是为孩子准备的饮食方法，但是这种饮食法对许多成年人同样适用。BRAT 四个字母分别代表香蕉、大米、苹果酱（或者苹果）和土司。香蕉和苹果都对补充电解质有好处，都很容易消化。但是因为 BRAT 饮食中营养含量较少，所以我建议同时在饮食中加入一些清汤、椒盐脆饼干、咸饼干和土豆（不放黄油或者奶油）。每隔几个小时吃一点点，但是水要一直喝。急性腹泻时，我们要避免吃生的蔬菜，因为要让肠道休息一下；也要避免吃奶制品，因为可能会出现暂时的乳糖不耐受。另外，也不要食用含有酒精、咖啡因的食物，以及辛辣的和含糖的食物，除非我们觉得自己已经康复了。

我们可以通过服用次水杨酸铋或者非处方药物洛派丁胺来缓解腹泻症状。但是，这些药物在止泻的同时，往往也让我们体内的入侵者不能很好地排出去。如果我们是食物中毒，并且腹泻得不是很频繁或者不是很痛苦，我们最好让这些有毒物质尽快排出体外。

腹泻与肠道菌群

胃病或者食物中毒引起的腹泻通常会影响我们的肠道菌群，但是肠道菌群通常能够很快恢复。为了帮助菌群恢复正常，有条件的话，就连续几周增加富含益生菌和益生元的食物的摄入量，或者服用益生菌和益生元补充剂。

如果腹泻是由细菌或者寄生虫引起的，并且几天后仍然没有得到缓解，医生可能会建议我们使用抗生素。但是通过服用抗生素来治疗疾病或感染会破坏我们的肠道菌群，因为抗生素除了会杀死有害菌之外，还会杀死有益菌，甚至会导致腹泻，而这正是我们想要治疗的疾病。如果医生给我们开了抗生素处方，不要停用，因为我们需要它。我们应转而遵循自助措施避免脱水，让自己在这种情况下能够尽可能感觉不那么难受。在服用抗生素的同时，补充大量富含益生元和益生菌的食物，并服用益生菌和益生元补充剂，这有助于控制腹泻。并且，在我们停服抗生素后，要至少再服用一周益生菌和益生元补充剂。

打嗝、腹胀和排气

如果我们觉得谈论大便有些尴尬，那么接下来我们来尝试谈论一下排气吧，比如打嗝和放屁。排气是完全正常的身体机能。通过打嗝或者放屁的方式，普通人每天至少会排气十几次。

把我们的消化道想象成一个大气球。当气球中充满食物和气体时，气球就会膨胀，我们就会感到撑得慌或者胀气——就是那种“系不上腰带”的感觉。

打嗝通常是由我们在正常吃饭过程中不小心吞咽了空气而引起的。也可能是由于我们喝碳酸饮料、吃得太快、使用吸管、吮吸硬糖或者咀嚼口香糖时，让我们的胃里多了额外的空气。当我们胃里的空气受到压迫时，就会打嗝，以此释放胃里的空气。

一些我们吸入的空气最终会进入小肠，并从小肠进入结肠，然后排出体外。当结肠内的细菌在发酵膳食纤维和未消化食物的时候，也会产生额外的气体。发酵过程会产生氢气、二氧化碳和甲烷等其他气体作为副产品。令人惊奇的是，结肠产生的大部分气体都能够通过黏液内层吸收回体内。这些气体进入血液并最终通过呼吸排出体外。大约只有 20% 的气体会引起胀气。大多数时候，真正有气味的气体来自大肠杆菌释放的硫化物。

没有什么比排气更令人尴尬了。但是，排气还可能是其他疾病的症状，如乳糖不耐受、果糖不耐受、麸质敏感和肠易激综合征。

如果想要减少打嗝和排气情况，我们就要减少碳酸饮料的摄入，如苏打水和啤酒。含糖醇的糖果也会引起排气。还有一些食物，比如豆类，因细菌发酵产生肠道气体而令人生畏。十字花科植物，如圆白菜、西蓝花和菜花，因为含硫会产生难闻的气体。鸡蛋和肉类也会产生类似于硫黄的味道。如果我们最近比平时更容易排气，我们可以尝试减少摄入以上这些常见的容易产生气体的食物。

减少胀气的非处方药物通常非常有效。二甲硅油是一种消泡剂，其工作原理是使消化道内小气泡聚集到一起形成更少但更大的气泡，减小气泡的表面张力，使气泡破裂，从而使气体更容易排出体外。添加酶的膳食补充剂也有助于在产生气体的食物到达结肠前将其分解，从而减少气体的产生。乳糖酶补充剂如力康特[①]对乳糖不耐受有效。α-d-半乳糖苷酶，即比诺[②]，有助于分解豆类、蔬菜和谷物中难以消化的糖类。我们可以在吃这些食物之前服用相应的补充剂。

大部分肠道气体其实都是肠道细菌的代谢产物。有些人天生就有更多的能产生甲烷气体的细菌，所以这些人更容易出现胀气。那么益生菌和益生元是不是可以改变这种菌群平衡，从而减少气体的产生呢？答案是很有可能。一项研究表明，益生元和低短链碳水化合物饮食一样，对减少胀气都能够产生相似的效果。当然，对于我们来说，服用益生元补充剂要比长期的低短链碳水化合物饮食更容易坚持，也更有利于保证我们饮食中的营养。

还有一种完全不同的处理肠道气体过多的方法，那就是在气体排出后立刻使它消失。作为一名胃肠病医生，我收到过许多稀奇古怪的试用产品。我最近收到的一种产品叫“一次性气体中和剂”，这是一种放在内裤里的护垫。是的，有些女性收到了鲜花，而我收到了护垫。这种护垫带有活性炭过滤器，用来吸收气体，尤其是有臭味的气体。还有其他含有炭的产品，也有相同的作用。虽然目前还没有大量的数据验证产品有效，但从逻辑上是说得通的，如果我们想阻止气体扩散的话，这种产品值得一试。

肠易激综合征

我们已经读过了关于便秘、腹泻、打嗝、胀气和腹胀的内容。如果出现

① 力康特（lactaid）：药品，适用于因缺乏乳糖酶而在进食乳制品（如牛奶）后出现胃肠胀气、肠痉挛及腹泻等不适症。——译者注

② 比诺（Beano）：一种酵素产品，含有身体中缺少的可以消化豆类和许多蔬菜中糖分的糖消化酶。吃东西容易胀气腹胀的话，可用来帮助消化。——译者注

了以上情况，并且伴有毫无征兆的腹痛或者经常性腹痛，则我们很可能患上了肠易激综合征，大约有 12% 的美国人患有肠易激综合征。

肠易激综合征具有一系列的症状，包括腹痛和排便改变（如便秘、腹泻或两者兼有）。肠易激综合征患者经常会感觉腹胀，好像排便没有排干净，也可能大便中有很多黏液。

肠易激综合征最让人头疼的一个方面，就是这些患者的结肠并没有任何明显的问题。我们做的所有检查的结果都显示正常，也就是说引起肠易激综合征的原因并不清楚。这就为我们的诊断增加了难度，因为我们必须排查所有可能引起这些症状的原因。许多专家认为，导致肠易激综合征的原因是我们的肠－脑连接出现了问题——也就是说大脑和肠道不能很好地协调。肠易激综合征让我们的肠道比原来更加敏感，举例来说，如果肠道内有等量的气体，肠易激综合征患者要比没有患病的人更容易感到腹痛。同样，如果我们的肠道和大脑不能很好地协调，我们的肠道肌肉也不能以它们应有的方式进行运动。它们可能运动太慢，这就会导致便秘；或者运动太快，这又会导致腹泻；或者时快时慢。

关于肠易激综合征的发病原因，另一种解释就是结肠菌群的变化。大量研究表明，肠易激综合征患者结肠中的主要菌群，与没有肠易激综合征的人结肠中的主要菌群不同。但是，目前尚不清楚是这种菌群改变导致了肠易激综合征，还是肠易激综合征引起了菌群的改变。另外，还有一些研究发现，有些人在严重的肠道感染后会出现肠易激综合征，并且肠道菌群也会发生变化。工作中经常会遇到由于肠道感染而发展为肠易激综合征的患者，常常是肠道感染治好了，但是肠易激综合征可能持续了好几个月甚至很多年。

对于肠易激综合征管理，一部分取决于患者的患病类型。例如，对于以便秘为主要症状的肠易激综合征患者和以腹泻为主要症状的肠易激综合征患者，两者的治疗方案应该有所不同。

在饮食方面，我建议多摄入膳食纤维并避免摄入麸质。许多患者在采用低短链碳水化合物饮食后，肠易激综合征发作时的症状会减轻。研究表明，可溶性膳食纤维要比不溶性膳食纤维对肠易激综合征患者更有帮助，事实上，不溶性膳食纤维还可能引起肠易激综合征。所以，多吃燕麦片和水果要比多吃蔬菜沙拉更有帮助，因为这些食物中的可溶性膳食纤维可以保持水分，这有助于缓解便秘和腹泻，并且不容易被肠道细菌发酵，胀气、腹胀和腹痛的症状也会得到缓解。我们要在饮食中逐渐加入膳食纤维，每天只需要多增加几克。如果膳食纤维增加过多，我们就会感到胀气和腹胀，甚至可能会便秘和腹泻，这可能会诱发肠易激综合征的症状。

可能由于某些原因，有些肠易激综合征患者尽管没患乳糜泻，但是仍然会对小麦、大麦和黑麦等食物中含有的麸质过敏。这些人要避免食用早餐麦片、面包、意大利面和加工类食品。

改变生活方式对缓解症状也会有所帮助，可能是因为这种改变改善了大脑与肠道之间的交流。我建议，我们尽可能多做些运动，减少我们的压力，并且保证充足的睡眠。

许多患者在找我看病之前，已经尝试过各种补充剂和多种治疗方法，如传统的中药疗法、针灸疗法甚至按摩疗法。有证据表明，催眠疗法和针灸疗法是有效的，我向患者推荐效果更好的瑜伽和正念练习。而在草药补充剂方面，薄荷油胶囊在草药疗法方面是很有效果的，尤其是对于治疗疼痛和腹胀效果显著。

因为肠易激综合征和肠道菌群变化之间存在联系，所以对于肠易激综合征，我一般首先采用菌群平衡疗法。益生菌和益生元已经证明对减轻肠易激综合征症状有疗效。有证据表明，这种治疗方法有很好的效果，但是因为研究过程中使用了很多种不同的产品和菌群，所以很难进行比较。我一般向肠易激综合征患者推荐这两种补充剂并且搭配食用富含益生菌的食物，因为它们通常都有助于减轻症状。

小肠细菌过度生长

还有一种能够引起肠易激综合征的原因就是小肠细菌过度生长。当小肠内的细菌大量生长时，就会发生小肠细菌过度生长，这种情况通常发生在回盲瓣附近区域，也就是连接小肠和结肠的位置。通常情况下，我们的小肠内的细菌相对很少，如果把结肠中的细菌形容为茂密的雨林，小肠内的细菌就是贫瘠的沙漠。我们不希望小肠内生长出任何额外的细菌，因为这些细菌会争夺那些本该被我们身体所吸收的营养物质。并且，随着营养物质被细菌分解，小肠会被分解过程中产生的伴生物损伤，从而导致肠漏综合征。同时，我们很可能会痉挛、腹胀、胀气和腹泻。如果我们正好处在腹部术后恢复期或者患有其他减慢食物通过消化道速度的疾病，如糖尿病，则更容易发生小肠细菌过度生长，但是即使没有这些危险因素也有可能引起小肠细菌过度生长。我们可以通过专门的呼吸测试来检查小肠细菌过度生长情况，并用抗生素来治疗细菌的过度生长。

痔疮

我们已经了解了我们的小肠、大肠以及其所含的气体和大便，现在让我们继续来了解一下消化道真正的最末端——肛门。肛门最容易出现什么问题呢？痔疮。痔疮是指位于肛门或直肠末端的皮下静脉发炎、出现肿胀。我们每个人的上述部位都有细小的静脉，如果受到挤压，这些静脉就会肿胀，形成痔疮。痔疮分为两种：外痔和内痔。外痔由肛门周围的皮下静脉形成。外痔会引起肛门瘙痒、肛门附近凸起和肛门疼痛，我们坐下时疼痛会更加明显。内痔在直肠内壁。我们排便后在卫生纸、大便或者马桶中发现的少量鲜红色血迹，通常都是由内痔造成的。内痔会脱垂或者从肛门脱出。

我们会同时患有两种痔疮吗？是的，我的大部分患者的痔疮都是混合痔。我们有可能得了痔疮却没有发现吗？当然。我几乎每天都能遇到这样的情况。我给熟睡的患者做结肠镜检查，当他们醒来的时候，我会告诉他们其结肠情况看起来很好，我只看到了一些小的痔疮，他们都表现出难以置信。

痔疮有很多种诱因，最主要的诱因是排便时用力过猛，给静脉造成了太大的压力。同样，慢性便秘或腹泻会让我们上卫生间的时间延长，这也会引起痔疮。

低膳食纤维饮食会导致大便硬结、排便困难，这也是便秘的诱因之一。对于孕妇来说，来自胎儿的额外的压力和增加的血流量，都会造成直肠静脉肿胀，从而导致痔疮。因此，除了产房里和我们一起回家的小宝贝，一起带回来的还有几周的阴道疼痛，以及坐下都难以忍受的痔疮疼痛。好消息是，随着时间的推移和采取自我护理措施，妊娠痔疮的疼痛会有所减轻。

有时痔疮会变得特别令人难以忍受，这时我们就不得不通过手术进行切除，但是我们大多数人都可以避免发生这种极端情况。在饮食中增加膳食纤维，我们可以排便更快、更轻松，从而可以轻松地控制痔疮。通过外用含有金缕梅或者温和皮质类固醇的非处方药膏，我们可以缓解瘙痒和疼痛。如果特别疼，那么每天几次温水浴或者使用坐浴盆会缓解疼痛。但是，如果我们只是检查出来患有痔疮，而痔疮并没有对我们造成困扰，那么我建议忘掉它，不用管它。把我们的精力留着做其他有关肠道焕新的事情吧。

跟着感觉走

只要有想排便的感觉，我们所需要做的真的只是坐在马桶上，通常 10 ～ 15 分钟就可以解决问题。在马桶上长时间阅读和刷手机（很不卫生！）会增加直肠压力，从而导致痔疮。如果有排便的感觉，但是当坐在马桶上时这种感觉又消失了，那么我们也不要太过用力或者等太长时间。这可不是我们要赶着看邮件、读杂志或者玩游戏的时间和地点。如果在卫生间，我们就做在卫生间该做的事情，然后洗完手就出去。

憩室病

我们的胃肠道上有洞，我们称之为憩室病（diverticulosis）。我们很可能不知道这种病，但是我们的结肠可能已经存在憩室。这些小小的口袋状的憩室让我们的结肠内壁看起来像瑞士奶酪，谢天谢地，这些洞并没有穿透结肠内壁。这些口袋会在结肠壁薄弱的地方向外突出，最常见于结肠末端。在 60 岁以下的人群中，大约有 35% 的人已经患有憩室病；在 60 岁以上的人群中，这一数字已经接近 60%。这些向外突出的小口袋一般只有一粒豌豆那么大，通常不会引起任何问题。但是，有时细菌或者大便留在这些憩室中，就会引起炎症和感染——这就是憩室炎。如果发生这种情况，我们会腹痛、发热、便秘或者腹泻，有时还会伴有恶心和呕吐。我们甚至可能会出现直肠出血。如果出现这种严重的情况，我们应该马上去急诊室就诊——我们确实需要立刻就医。在极少数情况下，患有憩室炎需要马上手术，所以如果出现这种情况，请不要待在家里。通常情况下，治疗憩室炎采用的是抗生素疗法，同时休息几天并吃流食。

憩室炎是另一种类型的胃肠道疾病，肠道焕新也将在这种疾病的治疗中发挥积极作用。如果我们已经患有憩室病，那么高膳食纤维饮食将有助于阻止病情继续发展。拥有正常的肠道菌群也可能会改善症状，因为正常的肠道菌群可能会抑制憩室内有害细菌的繁殖。如果我们已经患有憩室病，益生菌补充剂可以预防憩室病发展为憩室炎。

多年以来，一直有一个说法，那就是憩室病患者要避免食用坚果和像树莓一样有小籽儿的水果。这种说法是因为担心未消化的食物残渣进入憩室，从而引发炎症。事实证明，这种说法并没有道理，所以请继续享用那些美味和有营养的高膳食纤维食物吧。

结肠镜检查与结肠癌筛查

结肠镜检查是我最喜欢的检查科目。也许我们认为结肠镜检查并不是那么重要，但是结肠镜检查作为一种筛查工具，可以挽救我们的生命。就像我们的家需要一些日常维护和检查，以避免小问题发展成大问题一样，我们的结肠也需要定期检查。

结肠镜检查是通过一根长长的、一端带有发光的微型摄像机的软管来观察我们的直肠和结肠。在结肠癌筛查过程中，我们要寻找可能发展为肿瘤的肿块或息肉。大多数结肠癌都是由息肉发展来的，这确实是一个伟大的发现。这就意味着，如果我们发现并切除了结肠息肉，我们就可以预防结肠癌的发生。当然，既然我们做了结肠镜，我们就会检查所有其他可能出现的问题，如憩室或炎症。

在做结肠镜检查之前，必须清空肠道，只有这样医生才能更好地观察肠道情况。肠道清理要在结肠镜前一天进行。这个过程并不是那么好玩，因为前一天晚上就不能进食，并且还要喝下液体泻药，接下来就需要去卫生间花些时间来清空整个结肠。第二天一大早，我们又累又饿，还要去看胃肠病医生——可能是像我这样的女医生。做结肠镜检查时要换上专用的罩衣和拖鞋，通过在胳膊上的静脉注射短效麻醉剂让人快速进入睡眠状态，整个过程在麻醉条件下进行。对大多数人来说，真正的结肠镜检查只需要 15 ～ 30 分钟。检查结束后，我们必须在恢复区观察一小时。在这段时间，我们可能会排气，并且声音可能很大。不要害怕，医生会观察我们的情况直至我们可以回家。我们可能还会得到一些小零食，那些小零食会吃起来非常美味，因为那时我们已经很饿了。

我们为什么要做结肠镜检查呢？因为结肠癌是美国排名第二的癌症死亡原因，并且，如果发现及时，大多数病例都是可以治愈的。另外，在 50 岁以下的人群中，结肠癌的发病率呈上升趋势，所以我们最好及早接受筛查。最近一项研究发现了一个重要的危险因素，那就是在这个年龄段患结肠癌的人中大都有抗生素暴露史。几乎每个人都使用过抗生素，所以请一定做结肠镜筛查！

有些人会回避做结肠镜检查，因为他们觉得自己没有消化问题。这些人认为既然自己感觉良好，就肯定不会患结肠癌。但是结肠癌早期往往没有任何症状，等到发现时已经是晚期。这就是为什么我们建议到了一定的年龄，不管自己的感觉如何，每个人都要进行结肠癌筛查。

目前，美国癌症协会的指导方针是，如果我们患结肠癌的风险处于平均水平，那么我们应该从 45 岁开始进行结肠癌筛查，并且每 10 年检查一次，直到 75 岁。如果我们患结肠癌的风险较高，我们需要根据医生的建议，增加筛查的次数。如果我们有结肠息肉，或者有结肠癌家族史，或者患过结肠息肉或者结肠癌，又或者患有肠炎或遗传性结肠癌综合征，那么我们就是高风险人群。需要说明的是，以上这些筛查指导方针适用于没有任何症状的人群。如果我们确实有任何结肠癌的症状，如直肠出血、新出现的腹痛、便秘、腹泻、体重下降、大便变细或者出现铅笔样大便，那么我们需要尽快去看医生。

觉得结肠镜检查很恶心不能成为我们不做结肠镜检查的原因，结肠镜检查是结肠癌筛查最好的工具。但是，也有一些原因，比如由于麻醉风险太高，有些人真的不适合做结肠镜检查。针对这种情况，我们通常选择使用CT扫描的仿真结肠镜成像进行检查（检查前我们仍然需要进行肠道准备）。我们还可以咨询医生，通过检测大便中有关结肠癌的血液和基因标志物进行筛查。

我们还可以通过肠道焕新的方法来降低我们患结肠癌的风险，但是这些方法只能作为我们常规结肠镜检查之外的辅助手段，不能代替结肠镜检查。不要吸烟，偶尔可以喝酒，并且经常锻炼。限制红肉的摄入量，不吃加工类的肉，多吃蔬菜、水果、全麦食物以及豆类和酸奶等富含钙的食物。我们已经讨论了菌群失调与癌症之间的联系，所以保持菌群平衡同样也非常重要。本书后面的肠道焕新饮食方案涵盖了所有不同情况下的饮食方法。

大便检测

即使在DNA分析已经变得便宜和方便的今天，准确分析我们肠道菌群的成分仍然非常具有挑战性。几乎所有的肠道细菌都是厌氧菌，这就意味着它们不能在有氧环境下繁殖，也就造成它们很难在普通实验室环境中培养。但是DNA检测技术让我们可以无须培养细菌就可以识别它们，这就是我们对肠道菌群的理解在最近几年迅速加深的原因。

我们把自己的大便样本送到实验室检测时，也是采用相同的技术。许多商业公司如雨后春笋般涌现出来提供这项服务。我们将样本快递给他们，他们为我们提供一份检测报告，报告中会说明样本中的细菌种类与普通人的对比数据。这是有用的信息吗？很难说。因为这只是我们肠道菌群某个特定时刻的细菌快照。由于我们吃的东西和做的事情不同，我们的肠道菌群每天甚至每小时都会发生很大的变化。肠道菌群现在的情况并不一定能够告诉我们一段时间后菌群会变成什么样子。

大便检测有一些医疗用途，如可以检测出寄生虫或者有害菌，但是如果医生没有要求，我们就可以不去检测，因为大便的商业检测目前主要是实验性质的。那么未来我们是否可以基于大便菌群分析来做出一个明智的决定呢？是的，但是我认为我们还没走到那一步。

卫生间焕新

真正的卫生间焕新对于修复甚至预防很多肠道问题是很有帮助的。有一些非常简单而又经济的操作非常适合我们自己完成。另外，可能需要一些费用和一个好的水管工，但是这些付出对于肠道健康来说都是值得的。我在自己家中已经安装了以下设备。并且，我已经亲自测试，确实有效。

我们是否认为自己在蹒跚学步的时候就已经学会了如何正确地如厕？请想想看。在我们开始指责妈妈之前（老实说，做母亲的总是被指责），先听我解释一下。

我们排便的姿势会影响我们排便的难易程度。理想的排便姿势其实是蹲下。蹲下会让我们的臀部全部打开，直肠肛管伸直。瞧！大便扑通一声就排了出来。但是，马桶的设计当然不允许我们轻松地蹲下，所以我们从小就被要求要坐在马桶上排便。妈妈不想让我们蹲在马桶上，很可能是怕我们掉进去！这是一个难题，但是有一些聪明的企业家发明了一种非常简单的肠道焕新工具：一种排便姿势修正装置，也就是广为人知的马桶凳。我们将 17 ～ 23 厘米高的马桶凳放在马桶底部。当我们坐着排便时，脚踩在马桶凳上，膝盖就会抬高，形成一个类似于半蹲的姿势。这种姿势有助于减少压力，让我们能够排便更快、更彻底。我通常会向患有便秘、排便疼痛或有痔疮的人推荐使用这种马桶凳。

下一步我们可以将简单又经济的焕新工具转换为复杂又昂贵的焕新工具——坐浴盆。这种卫生间设备在欧洲和亚洲很常见，现在坐浴盆在美国也开始变得越来越流行。坐浴盆是放在马桶旁边的低矮盥洗盆，可以在上完卫生间后坐在上面清洗。和洗手盆一样，坐浴盆也有冷热水，只不过水流不是从上方流出的，而是从下方或者侧方流出的。

在我还是个孩子的时候，我暑假都是在斯里兰卡的祖母家度过的，在那里，每个卫生间都有坐浴盆。尽管刚开始用的时候感觉很奇怪，但是我很快喜欢上了坐浴盆。直到今天，我还是喜欢用坐浴盆，因为这样洗既舒服又干净，坐浴盆真的很好，尤其是当我们的肛门因为痔疮或频繁排便而疼痛的时候，坐浴盆会让人感觉特别舒服。同时，我也向那些总是在便后擦个不停的患者推荐坐浴盆，因为这些患者会过度使用卫生纸，他们总觉得没有擦干净，而这样会刺激肛门周围的皮肤。

安装一个坐浴盆很贵，并且不是每个卫生间都有空间来安装一个坐浴盆。这就是为什么我喜欢这种新型的坐浴盆附件，这种装置可以安放在自己的马桶上使用。坐浴盆附件种类很多，有的非常简单，我们可以自己安装，有的比较复杂，需要请有经验的水管工安装。

肠道焕新小妙招

- 冲马桶之前查看一下大便颜色。我鼓励大家在冲马桶之前查看一下自己的大便，棕色大便一般是正常的。注意大便颜色（红色和黑色最令人担忧），并注意其量的多少、形状、稠度和气味。

- 大胆地说出来。虽然每个人都会有与排泄相关的问题，如排便和排气，谈论起来会让人感到尴尬，但是请不要难为情，大胆地向医生说清楚。

- 润滑我们的肠道。如果我们有便秘问题的困扰，补充水分可以让我们排便更顺畅。每天至少设置 4 次闹钟，用来提醒我们多喝一到两杯白开水。注意多吃富含膳食纤维的食物！

- 如果我们正在和腹泻做斗争，就不要吃乳制品。在我们的排便恢复正常之前，避免吃乳制品。

- 追踪我们的食物。想要解决食物不耐受和食物敏感问题，我们可以使用一种食物日记应用软件来轻松记录我们每天吃了什么。一旦我们找到过敏原，就可以少食用或者避免食用。需要注意的食物包括坚果、鸡蛋、牛奶和乳制品，以及高果糖食物和短链碳水化合物食物清单上的食物。

- 和朋友一起去检查。与年龄相仿的朋友相约，一起做结肠镜检查，进行结肠癌筛查。结肠镜检查必须做，真的，这能救我们的命。一旦做完了结肠镜检查，我们还可以和好朋友快乐地一起出去玩。

GUT RENOVATION

第5章

美丽不仅仅浮于表面

化妆间

到现在为止，我们已经了解到，肠道在维持身体系统的运行中扮演着重要角色。如果说卫生间是内部管道铺设要求比较高的地方，那么化妆间就是能让我们的虚荣心得到满足的非常重要的地方。在化妆间里，我们可能只是擦擦粉，或者盯着镜子里的自己看，数一数自己又长了几个黑斑或几条皱纹。不管怎样，在我们的肠道焕新中，在化妆间我们所关注的就是我们的皮肤。皮肤，是我们身体最大的器官，不仅仅是抵抗病菌和其他攻击的重要屏障，还是我们身体内在健康的体现，也是他人评估我们年龄和活力时首先考虑的因素。

我们的皮肤上发生的事情绝不是我们表面上看到的那么简单。事实证明，我们的肠道和皮肤是紧密相连的。因为肠道会对皮肤产生巨大的影响，我们把这种相互作用称为肠－皮肤轴。和肠道一样，我们的皮肤上也有一定的菌群，从字面上可以理解为我们的身体从头到脚都覆盖着细菌。同时，因为有肠－皮肤轴，一个菌群发生变化也会影响另一个菌群发生改变。我们的皮肤和肠道是外部世界与身体内部之间的纽带，二者都有丰富的血液供应，并且都与神经系统、免疫系统和激素紧密相关。

工作中，我经常会建议我的患者服用益生元补充剂，这种补充剂能够有效地解决这些患者由肠道菌群失衡导致的消化问题。在服用一段时间的益生元补充剂之后，这些患者总会告诉我他们的皮肤看起来和摸起来更好了。痘痘、皮疹、皮肤瘙痒、皮肤干燥的情况有所改善甚至消失了，连头发和指甲都变得好起来了。他们经常对这些变化感到惊喜。多年前，在第一次观察到这些现象的时候，我也很惊喜，但是现在我对这些情况有了更清晰的认知。为了更好地了解肠－皮肤轴是如何工作的，让我们近距离观察一下我们的皮肤。

我们的皮肤不仅仅是一层漂亮的“包装纸”，更是保护我们不受外界伤害的屏障。皮肤能够起到缓冲作用，能够维持我们身体的水分，能够调节我们的体温，能够保护我们远离疾病并排出身体产生的废物。皮肤上密布的神经末梢能让我们感知并回应这个世界。皮肤不仅仅是我们身体最大的器官——还是我们唯一能看到的器官。

但是我们能看到的皮肤只是皮肤的最外层，也就是我们所熟知的表皮。表皮细胞主要由角蛋白组成，角蛋白是一种纤维蛋白，也是头发和指甲的主要成分。表皮让我们的皮肤更结实并且能够锁住水分。因为表皮细胞吸收水分，所以洗澡后我们的手指上会有褶皱。表皮有一个最重要的功能就是屏障功能，它能够防止皮肤表面的细菌进入身体内部。表皮细胞不断地脱落并被下面新生成的细胞代替。因为表皮细胞只是我们皮肤的最表层，并没有与我们的循环系统（血液）相连。

表皮下面的一层叫作真皮。因为真皮具有丰富的血管和神经末梢——这种结构将其连接到身体的其他部位，所以这一层具有支撑作用的皮肤有时被称为真正的皮肤。真皮还是毛囊、汗腺和皮脂（皮肤油脂）腺的所在地。最关键的是，真皮还是胶原蛋白和弹性蛋白含量最丰富的地方，胶原蛋白能够让我们的皮肤更紧致，弹性蛋白能够让我们的皮肤更具有弹性。同时，真皮内含有大量的糖胺聚糖，这种物质能够促进胶原蛋白和弹性蛋白合成，帮助皮肤锁住水分。我们可以将这些蛋白质看成是紧致、健康皮肤的支架。另外，因为胶原蛋白和弹性蛋白的分解是皱纹形成的一部分原因，所以我们就能够理解为什么这层皮肤在我们的皮肤衰老（或者不衰老）方面起着重要的作用。

衰老与皮肤

随着年龄的增长，我们的皮肤会不可避免地暗沉、下垂，也会长出皱纹、老年斑和干斑，还会出现眼袋。真是这样吗？是的，我不会在这里做出虚假的保证。随着年龄的增长，我们的皮肤确实会发生改变，而且不是朝好的方向改变（尽管看起来我们的痘痘很可能已经减少甚至消失）。这是一种内在的衰老，我们对此无能为力，这也是医学事实，比如说，在 20 岁之后，我们的身体产生的胶原蛋白每年都会减少 1%。我们身体上的油脂分泌和汗腺分泌会变差，弹性蛋白和糖胺聚糖分泌量会减少，真皮层的支撑脂肪也会减少。

但是，内在衰老引起的皮肤变化是温和的，而皱纹和更大的保湿需求通常是我们要面临的主要问题。

对皮肤真正造成伤害的是外在老化，这是由身体外部因素造成的老化，是长皱纹以及出现其他皮肤老化表现的真正原因。让我们花点儿时间来真正地理解一下。比起生日蛋糕上的数字，年龄与我们能够控制的很多因素关系更大，包括阳光中的紫外线、空气污染、吸烟、喝酒、饮食、压力和睡眠不足。但幸运的是，大部分我们能接触到的损伤皮肤的因素都能够得到控制。

在饮食方面，有两个关键因素：补充维生素 C 和减少糖类摄入量。维生素 C 对合成和强化胶原蛋白至关重要。在我们的饮食中加入大量的维生素 C，可以保证胶原蛋白的生成。胶原蛋白越多，皱纹就越少。我们可以通过丰富的水果和蔬菜补充维生素 C。糖类有点儿复杂，当我们通过饮食摄入过多的糖分时，多余的糖分就会随血液流动，并最终使蛋白质糖化（黏附在蛋白质上）。基本上，新的分子也就是晚期糖基化终末产物，就会把我们的身体焦糖化。晚期糖基化终末产物一旦形成，就会破坏其他蛋白质，如胶原蛋白。具体来说，晚期糖基化终末产物会使胶原蛋白变弱、变脆、变得没有弹性，从而不能再支撑我们的皮肤。皱纹随之产生。

当然，既然胶原蛋白是年轻、健康肌肤的主要成分，那么有没有办法补充胶原蛋白呢？多年来，我一直有个疑问，那就是我们喝的或者吃的胶原蛋白是不是真的能被身体吸收呢？即使这些胶原蛋白被吸收了，是否真的可以改善我们的皮肤？最近的研究表明，这两个问题的答案都是肯定的。补充剂、粉末或者饮料中的水解蛋白（一种更容易吸收的蛋白形式）已经被证实都能够增加皮肤中的胶原蛋白，我们知道这会对逆转衰老产生重要的影响。皱纹减少，皮肤会更有弹性、更水润。让我们为年轻的肌肤干杯！

内在健康，外在发光

当患者的肠道菌群开始恢复的时候，他们外在的变化是显而易见的。在一次又一次的复诊中，我看到患者的肤色提升了，发量变多了，皮疹也消失了。

所以，既然肠道菌群平衡和健康的肠道有助于治疗与疾病相关的皮肤问题，那对外界环境如紫外线、干燥甚至压力引起的皮肤衰老是否有帮助呢？如果是痤疮、湿疹甚至头皮屑呢？事实证明都有帮助，而且大有帮助。

肠道菌群通过其在免疫系统的复杂作用直接影响我们的皮肤。当我们的肠道功能正常时，我们的免疫系统功能也是正常的，从而可以预防炎症的发生。但是，当我们的肠道不能正常工作时，这个屏障功能就会失效。本该在我们的小肠和结肠中的细菌及细菌产物就会进入血液循环系统，从而最终可能引发皮肤炎症。一旦发生这种情况，皮肤的正常功能就会被破坏。我们的皮肤可能就会出现皮疹、丘疹、小疙瘩、干燥，甚至是粗糙以及呈鳞状的银屑病。

肠道问题还会影响我们皮肤的 pH 或者说酸碱平衡。通常情况下，我们的皮肤呈微酸性，这既能够防止细菌进入，又能够让水分进入。随着年龄的增长，我们的皮肤的 pH 往往会从最佳范围上升到一个更高的碱性数值。当皮肤的碱性数值升高到一定程度时，皮肤就会变红和脱皮。反过来也是一个问题，如果我们的皮肤变得酸度很高，就会出现皮肤炎症，如湿疹和痤疮。还有其他诸如皮肤过敏的问题，当我们的皮肤接触过敏原时，可能会突然出现让人发痒的荨麻疹或皮疹。因为有的症状出现较慢，我们会感觉吃的东西和皮肤问题的联系不太明显，如痤疮和酒糟鼻。

但是，当我们的肠道菌群健康时，我们的免疫系统也是稳定的，我们的整体炎症水平会较低，我们的皮肤也会随之受益。皮肤会变厚一些，能够更好地锁住水分，并且变得不那么敏感。同时，我们的头发会变得更多、更有光泽。内在的健康让我们的外表光彩照人。

肠道菌群和皮肤菌群的相互影响很可能比我们了解到的要多得多。举个例子来说，肠道菌群会消化我们饮食中的膳食纤维。作为消化过程的一种副产品，细菌会产生短链脂肪酸，其中有一种被称为丙酸酯（propionate）。事实证明，肠道产生的丙酸酯会到达皮肤菌群，并杀死能够导致严重的抗生素耐药性的葡萄球菌。所以，如果我们通过健康饮食摄入了大量的膳食纤维，那么我们的肠道菌群就会很健康，就能保护我们免受可能起源于皮肤的致命的细菌感染。

肠道会影响皮肤，皮肤也会通过以下几种机制来影响肠道。

肠道吸收的营养物质会对皮肤造成直接影响。例如，我们服用维生素 E 补充剂时，维生素 E 会通过皮脂腺到达我们的皮肤。如果我们营养不良，我们的指甲和头发就会变得脆弱、干燥。从皮肤对肠道的影响来说，如果我们通过皮肤使用避孕贴、止痛膏或者其他药物，这些药物会通过皮肤进入我们的身体并最终通过肠道排出体外。这个道理适用于所有的脸霜以及我们抹在皮肤上的其他产品。本章后面会详细介绍有关化妆品和护肤品的内容。

肠 - 皮肤轴的另一个互动机制是食物能够改变激素平衡。这也会对身体产生其他影响，这也是吃垃圾食品会让我们长痘痘的原因。实际上，与人们普遍认为的吃油腻食物会导致长痤疮的原因不同，富含加工类碳水化合物和糖的食物更有可能会引起痤疮。这些食物会让我们产生更多的一种被称为胰岛素样生长因子 1（Insulin-Like Growth Factor 1，IGF-1）的激素，这种激素会进入血液循环。如果胰岛素样生长因子 1 到达皮肤的皮脂腺，就会促使皮脂腺分泌更多的油脂，从而引发痤疮。

我们的肠道菌群和皮肤之间也通过肠屏障进行联系。如果我们的肠道菌群没有处于最佳状态，那么肠道中的物质就很容易穿过小肠壁进入血液循环，从而引发全身炎症，包括皮肤炎症。这也是有些消化道疾病总会伴有一些皮肤问题的根本原因，如克罗恩病会伴有皮肤损伤，乳糜泻会伴有一些明显的皮疹，并且食物过敏和湿疹之间也有明显的关联。

皮肤抗皱

我在前面已经解释了肠道健康饮食的基本知识和保持水分的重要性（详见第 3 章）。对于我们的皮肤来说，对我们肠道菌群有益的食物，对皮肤和皮肤菌群同样有好处。除了这些基本知识，我们现在应该知道并开始喜欢上益生元和益生菌，也知道有一些食物特别有助于使我们的皮肤保持柔软、光洁、无皱纹。

我们的皮肤保护我们免受外界的侵害，但是在此过程中，阳光中的紫外线、空气污染、干燥的空气、坏细菌和其他具有破坏性的攻击都会损伤我们的皮肤。作为反击，我们的皮肤有很多保护措施。真皮中产生的抗氧化剂会通过血液循环带到皮肤，来抵御紫外线和污染产生的具有破坏性的自由基。我们的皮脂腺会产生皮肤油脂，这些油脂能够使我们的表皮柔软湿润；表皮细胞还擅长从我们的身体吸收水分。一个健康的、平衡的表皮菌群含有很多益生菌和中性细菌，所以有害菌很难繁殖，也就不能造成伤害。

我们的皮肤不能独自完成这一切，需要我们食用正确的食物来为其提供支持。哪些食物才是正确的食物呢？富含天然抗氧化剂的食物，如富含番茄红素、白藜芦醇、β－胡萝卜素（维生素 A）和维生素 C 的食物。我们的皮肤需要大量的抗氧化剂来对抗紫外线辐射和其他的皮肤压力。虽然我们的身体能够生成抗氧化剂，但是有时我们需要的抗氧化剂要比自身生成的多。并且，年龄越大，我们需要的抗氧化剂就越多，这是因为我们既需要抗氧化剂来抵御皮肤日积月累受到的损害，又需要它来弥补我们日益减少的自然生成的抗氧化剂。这就是我们补充水果和蔬菜的原因。和我们一样，这些水果和蔬菜生长在阳光下，它们含有丰富的天然抗氧化剂来保护自己免受紫外线伤害。

所有的水果和蔬菜都含有天然的抗氧化剂，我们知道有些特定的抗氧化成分对我们的皮肤有益。红色或粉色的水果和蔬菜含有番茄红素，这是一种强大的抗氧化剂，能有效地保护我们的皮肤不被晒伤或不被紫外线伤害（更不用说它能预防心脏病和癌症了）。西红柿、西瓜、粉红葡萄柚、杧果、番石榴、木瓜和红甜椒都含有丰富的番茄红素。

白藜芦醇是另一种天然的植物抗氧化剂。这种抗氧化剂广泛存在于红葡萄、红酒、花生、可可以及包括蓝莓和蔓越莓在内的浆果中。白藜芦醇除了是一种抗氧化剂，还有一种“超能力”：能够激活人类皮肤细胞中一种名为 *SIRT1* 的基因，这种基因能够增强皮肤的 DNA 抗损伤和自我修复的能力，以此来对抗衰老。

维生素 C 存在于大多数的水果和蔬菜中，是一种主要的抗氧化剂，在预防光老化方面起着重要的作用。事实上，当我们的皮肤暴露在阳光下的时候，几乎会立即调用细胞中的维生素 C 来抵御紫外线的伤害。因此，为了维持维生素 C 预防光老化的作用，我们需要通过饮食不断地补充维生素 C。

同时，为了预防光老化，得到更好的自然保护，我们还要确保补充足够的维生素 E。研究表明，维生素 C 和维生素 E 共同作用，能够提供更好的防晒保护作用。富含维生素 E 的食物包括核桃、小麦胚芽、葵花子和绿叶蔬菜等。

β-胡萝卜素是一种存在于胡萝卜和红薯等橙色食物中的抗氧化剂。β-胡萝卜素在体内能够转化为视黄醛，也就是我们常说的维生素 A。这一过程在我们的小肠壁内发生。这也是我们的肠道和皮肤相互连接的另一个很好的例证，因为本质上，视黄醛是在自内而外地滋养我们的皮肤。视黄醛会激发表皮细胞和真皮细胞，生成胶原蛋白和弹性蛋白，这些皮肤蛋白会帮助我们的皮肤锁住水分，并保持柔软和无皱。同时，维生素 A 能够保护胶原蛋白免受紫外线伤害，有助于预防光老化。

我们的皮肤很喜欢从食物中获取维生素 A，同时，如果我们直接在皮肤上局部涂抹类维生素 A，即不同形式的维生素 A 物质，皮肤也会很乐意地吸收。在皮肤上，类维生素 A 能够让表皮最外层的细胞脱落，从而为下面新生成的细胞腾出空间。类维生素 A 还能防止胶原蛋白破裂。不管是含有类维生素 A 的处方护肤产品，还是非处方护肤产品，都能够对皮肤起到保湿作用，能够有效地淡化脸部细纹、老年斑和由光损伤引起的皮肤粗糙。类维生素 A

的处方药可用于治疗痤疮。

注意，尽管含维生素 A 的产品护肤效果很好，但是它可能会造成皮肤干燥、瘙痒和皮肤刺激问题。同时，含维生素 A 的产品还会造成出生缺陷，如果准备怀孕或者已经怀孕，或者处于哺乳期，绝对不能使用。

如果我们从鱼类、坚果和绿色蔬菜中获取了大量的 ω-3 脂肪酸，皮肤确实会变好。ω-3 脂肪酸能够改善皮肤的屏障功能，能够锁住水分并抵御外界刺激，如空气污染。ω-3 脂肪酸还能够保护皮肤免受紫外线的伤害，减少炎症的发生，要知道，炎症是导致痤疮的根本原因。

不要吃加工类食品、快餐和乳制品。我们已经知道了垃圾食品对我们身体的危害，但是为什么不能吃乳制品呢？乳制品对我们体内激素的影响和含糖的垃圾食品类似。最终的结果就是使我们的皮脂腺分泌更多的皮脂，毛孔堵塞会更严重，从而长出更多的痘痘。

保持皮肤清透水嫩的最后一个办法就是喝绿茶。多元酚含有一种被称为表没食子儿茶素 -3- 没食子酸酯的物质，这种物质具有很强的抗氧化性，并且能够阻断阳光中的紫外线带来的损伤。每天喝一到两杯绿茶，可以帮助我们的皮肤锁住水分，延缓皮肤衰老，防止光损伤。

肠道菌群与皮肤

到现在为止，我们主要谈的是肠道菌群和饮食是如何影响皮肤的基本健康的。但是，我们也会越来越多地了解到，肠道菌群对皮肤问题的重要性。

以酒糟鼻为例。这种常见的皮肤问题会使我们的脸变红，有时候脸上会出现肉眼可见的微小血管和小疙瘩，看起来像是粉刺。令人沮丧的是，酒糟鼻往往突然发作，会连续困扰我们数周，隔一段时间又会再次发作。虽然引起酒糟鼻的原因尚不完全清楚，但是我们已经知道菌群失调和小肠细菌过度生长会引起这种情况。通过补充益生菌和健康饮食，许多患者可以看到他们的酒糟鼻情况有所好转。

如果我们的肠道不健康，这就意味着导致痤疮、湿疹和银屑病的细菌会大量繁殖。同样，更健康的饮食和补充益生菌能够帮助我们的肠道菌群恢复平衡，并最终帮助皮肤恢复平衡，从而让我们远离皮疹瘙痒、皮肤干燥和皮肤粗糙这些问题。

战胜头皮屑

我们的头发、头发毛囊和头皮有着自己的菌群。这些细菌、真菌和酵母菌通常情况下会和谐相处，但是，有时这种平衡会被打破，结果导致头皮发痒和头皮屑增多。市面上有各种各样的去屑洗发水，其原理通常是杀死其中的某些菌群，但效果并不是很好，通常这些洗发水还含有强烈的化学物质，如煤焦油、二硫化硒或吡硫锌。如果在攻击这些有害菌的同时，我们还鼓励有益菌的生长，结果会怎么样呢？这些有益菌会抑制有害菌的生长，让我们的头皮屑彻底消失。

这时候益生菌就会发挥作用。肠道菌群的平衡对我们的皮肤有很强的积极作用，而我们的头皮其实只是覆盖在头顶的皮肤。益生菌能够改善皮肤屏障功能，有助于锁住水分、减少瘙痒，使头发毛囊更不容易受到有害菌的侵袭，从而减少头皮屑。

腋窝与细菌

臭臭的腋窝让每一个人都感到尴尬，这味道其实来自皮肤菌群。腋窝温暖潮湿，这简直是细菌繁殖的理想场所。事实上，也确实如此，腋窝有其自己的菌群，一种能产生腋臭的菌群。有些人的腋臭非常明显，不管怎样都不会消失。这可能就是腋窝菌群不平衡导致的。这些人的腋窝菌群中能够产生臭味化合物的细菌很多。有意思的是，许多商业止汗剂中所含有的铝实际上可能会促使生成“更臭”的腋窝菌群。直到最近，对于这种让人感觉倒霉的严重的腋臭，我们的处理办法还只能是进行频繁的清洗和经常换洗衣服。然而，随着我们对于皮肤和肠道菌群的理解日益加深，处理这种难闻的腋臭也有了一些新的方法。快餐和加工类食品中的低质量脂肪会改变我们的皮脂的脂质平衡，即腋窝中的许多皮脂腺会分泌出油性蜡状分泌物。当我们食用过多的低质脂肪，同时又没有食用足够的优质脂肪时，我们分泌的皮脂就会更有利于臭味细菌繁殖。而当我们转向更健康的饮食后，会有一个更好的脂肪平衡状态，从而促进那些不会产生难闻气味的细菌生长。

但是，对于非常严重的腋臭，仅仅靠改变饮食可能帮助并不大。这可能需要腋窝细菌移植。是的，你没有看错。这种方法是将志愿者捐赠的气味更好的细菌（通过汗液转移）引入接受者的腋窝。到目前为止，这种方法还是实验性的，但是结果很有前景。在一项研究中，18 位接受移植的志愿者中有 16 位的腋臭在一个月内有所改善，并且这种改善持续了几个月。将来，对于腋臭患者进行细菌移植可能会成为常规操作。或许，我们仅使用天然的益生菌而不是化学除臭剂就能对抗腋臭了。

扰乱皮肤菌群

现代生活会对我们的皮肤菌群造成很大的破坏。我们在皮肤上喷洒杀虫剂防止蚊虫叮咬，在含有化学药剂的泳池中游泳，使用化妆品……所有这些事情都会杀死皮肤细菌，不管是有益菌还是有害菌，并且还会干扰皮肤屏障对我们的保护作用。一般来说，皮肤菌群会设法留在皮肤上并抵抗这些伤害它的物质，但是，现在我们洗手的次数比原来多得多。肥皂、清洁剂和洗手液，不仅可以洗去并杀死有害菌，还会破坏皮肤菌群的自然平衡。所有这些洗手行为，尽管非常重要，但是都会导致我们皮肤上出现细小的裂纹，为有害菌的感染提供入口。当我们使用含酒精的洗手液时，这些细小的裂纹会让我们感觉刺痛！

为了减少频繁洗手对皮肤造成的刺激，我们要使用温和、刺激性小的肥皂或洗手液，并用温水洗手，注意不是用热水。如果条件允许，我们要在擦干手之后使用护手霜。如果我们不能在每次洗完手后使用护手霜，那么我们至少要确保在每天晚上临睡前涂上厚厚的护手霜，彻底滋润我们的双手。

现在有一个新的皮肤问题可能会伴随我们一段时间，这个问题就是口罩脸，即戴口罩所引起的粉刺或皮肤发红，会突然出现在口罩下的皮肤上。口罩脸可能是由口罩内的湿度大，从而刺激皮肤引起的，尤其是嘴和鼻子周围的皮肤。皮肤中喜欢湿润的细菌会乘虚而入，并在毛囊和皮脂腺内大量繁殖，引起痘痘和刺激。这和运动员在穿着紧身装备时遇到的问题是一样的，比如自行车头盔的下巴托引起的炎症。

为了预防口罩脸，我们一定要对能够重复使用的口罩进行彻底清洗，并且及时更换湿了的或者被汗浸湿的口罩。用我们能够找到的最温和、无味的洗面奶洗脸。注意，不要化妆后还戴口罩。

益生菌与我们的皮肤

对我们身体有益的东西，对我们的皮肤也有益。所以，既然肠道中的益生菌对我们的皮肤有益，那么如果我们把益生菌直接涂抹在皮肤上会怎样呢？这个问题我在 2014 年就问过自己，当时皮肤菌群的研究正成为一种趋势。图拉（TULA）是由我创建的一家皮肤护理公司，我们通过使用外用的益生菌提取物来研发创新产品。基于最前沿的研究，我们的产品结合了多种特定的有益菌的菌株提取物和超级食物提取物，如蓝莓提取物和姜黄提取物，这会使我们的皮肤看起来更好。

图拉最重要的目标之一，就是设计一种能够帮助我们抵御和修复光老化的产品，用来修复由紫外线照射引起的老年斑、细纹和皮肤干燥。我们使用的是具有临床支持的几种益生菌提取物。这些提取物已被证实能够有效改善皮肤酸度，提高皮肤抗氧化活性，预防皮肤脆弱和老年斑。同时，这些提取物能够减少皮肤炎症，如皮肤发红、斑点和肿胀。

并且，通过保持皮肤水分和皮肤厚度，我们可以有效地预防细纹和皱纹。外用的益生菌提取物还能够增强皮肤屏障功能，使皮肤能更好地锁住水分和抵御有害菌。当皮肤屏障功能得到提升时，痤疮、酒糟鼻和湿疹的情况也会得到改善。这是因为导致或加剧这些皮肤问题的细菌不能轻易进入皮肤。因为外用益生菌提取物能够提升皮肤的屏障作用，所以能够使我们的皮肤保持湿润和柔软，甚至在我们需要使用治疗痤疮或其他皮肤问题的刺激性干洗液时也能发挥效果。

肠道焕新小妙招

🛠 不要吝啬防晒霜。大多数人在需要使用防晒霜的时候用得不够多。我们至少应该准备满满的一威士忌酒杯量的防晒霜（防晒指数为 SPF30+），并且不要忘记我们的耳朵、双手、颈部和胸部的皮肤。每两小时要涂抹一次防晒霜，并且一年 365 天每天都要使用，因为紫外线可以穿透云层！另外，别忘了戴上我们的宽檐帽和太阳镜。它们不仅能让我们看起来很时尚，还能保护我们眼睛周围娇嫩的皮肤，防止鱼尾纹产生。

🛠 与环境污染做斗争。虽然我们无法将我们的家搬出污染地区，但是我们可以尽可能地避免在交通繁忙的路上行走，并且当我们经过长时间的户外运动回家后，要确保彻底清洁我们脸上的皮肤，这样环境中的污染物就不会在我们的皮肤上停留太长的时间。

🛠 定期清洁化妆用具。化妆刷和海绵可能是细菌且非有益菌完美的温床。所以每周要用温水和温和的清洁剂清洗这些用具。并且，不要与他人共用化妆用具。

🛠 不要忘记颈部护理。说到皮肤护理，许多女性往往只注重脸部护理，而忘记了颈部护理。我们的颈部皮肤会受到很多磨损（尤其是在低头看电子设备时），因此会导致颈部皮肤产生皱纹并出现皮肤松弛现象。要确保我们的皮肤护理不只停留在下巴以上，要继续向下涂抹护肤品，给我们的颈部一些关爱。

✂ 不要让皮肤紧张。压力会引起激素变化，从而让我们长出痘痘，所以如果我们感觉压力很大，请休息一下，做个深呼吸。如果我们能够预防痘痘产生，那么就少了一件让我们感到紧张的事情。

✂ 睡个美容觉。良好的睡眠会让我们的皮肤变得更好，这对去除黑眼圈尤其有效。所以，请把良好的睡眠放在首位，并且晚上使用加湿器来对抗干燥。干性皮肤更脆弱，更容易暗淡，也更容易出现肉眼可见的皱纹。

GUT RENOVATION

第6章

锻炼让时间倒流

家庭健身房

并非每个家庭装修时都有空间和预算来打造一间健身房。这不是问题，也不是借口。在家锻炼不需要特别精心准备，也能够让我们保持健康，变得年轻。实际上，我在本章讲到的每一件事，基本上都可以通过一双舒适的跑鞋、一个瑜伽垫、一对轻哑铃和一对腿部阻力带来完成。

为什么要锻炼

我是一名胃肠病医生，但是我和我的患者探讨锻炼的次数，几乎与我和他们探讨饮食或者用药的次数一样多。这是为什么呢？因为锻炼对我们的肠道有很多好处，包括引导我们的肠道菌群朝积极的方向改变。同时，锻炼对我们身体其他方面的健康也有非常重要的意义。

目前，几乎所有医疗机构的指导方针都建议我们每周至少锻炼 210 分钟。让我来给你算一算，这相当于每天只有 30 分钟的锻炼时间。当然，即使每天只锻炼 30 分钟，有时也会很难挤出时间。我理解，因为我也不是总能坚持每天锻炼 30 分钟。当我没有一整段 30 分钟时间来锻炼时，我会制订一个每天 3 次、每次 10 分钟的锻炼计划，即有时间就锻炼。因为，老实说，我们总能从这里或那里挤出 10 分钟的时间。事实上，短时间锻炼的效果可以和长时间锻炼一样好，并且在某些方面效果甚至更好。

还有一件事同样重要，那就是任何一种有规律的体育锻炼都有助于我们保持大脑敏锐和心情愉悦。锻炼是避免我们在未来生活中患上认知障碍，现在所要采取的关键一步。随着年龄的增长，锻炼还能够帮助我们避免患上慢性疾病，如糖尿病、心脏病和多种类型的癌症。在任何年龄段，有氧运动都能够降低我们的死亡风险，这不足为奇。在你开始锻炼之前，你有多久不运动并不重要。让我们动起来，运动不仅能让我们活得更好，还能让我们活得更久。想要一个最近的例子吗？一项针对加利福尼亚州感染新型冠状病毒的患者的研究发现，那些不运动的人住院或者死亡的可能性，是那些经常锻炼的人的 2 倍以上。

肠道菌群与锻炼

锻炼对我们的肠道有两方面的好处。当我们行动迟缓时，我们的消化系统也会如此。如果我们没有进行足够的运动，我们的消化速度可能会减慢，从而可能会导致腹胀、胀气和便秘。锻炼有助于刺激我们的结肠，并且帮助我们释放压力（压力会使消化问题变得更严重）。

锻炼还有助于改善我们的肠道菌群平衡。经常锻炼的人不管吃什么，都会有更多样化的肠道菌群。这种多样化肠道菌群的提升有一个好处：生成更多的丁酸盐。正如我在第 3 章讲到的，丁酸盐是一种短链脂肪酸，是我们肠道细胞重要的能量来源，能维持肠道屏障功能。高水平的丁酸盐是我们肠道健康状况良好的重要指标。

运动在促进我们肠道菌群多样化方面起着非常重要的作用，但是，肠道菌群的多样化会随着我们年龄的增长而自然地下降。许多老年人经常服用药物，这也会影响他们的肠道菌群。菌群多样化的缺乏和产生丁酸盐的细菌的减少，是老年人免疫力下降和炎症增加的可能原因。在这方面，锻炼同样会有帮助。除了以上所讲的运动的好处，研究表明，运动还能够改变肠道菌群的组成，并真正地对健康老龄化产生影响。

很多运动员一直对饮食和补充剂感兴趣，认为这是提高运动表现的方法，因此很关注运动如何影响肠道菌群以及肠道菌群如何影响运动的最新研究。不管这些研究是针对实验鼠还是运动员，我们越来越清楚的是，肠道菌群可以为他们提供竞争优势。针对优秀运动员的研究表明，这些运动员肠道中吃乳酸盐的细菌更多，乳酸盐是我们运动过程中肌肉产生的一种代谢废物（这就是我们锻炼时会感到浑身酸疼的原因）。因为他们的肠道菌群能够更有效地清除身体中的乳酸盐，所以他们能够有更好的耐力和运动表现。

另一项研究表明，当久坐不动的人坚持锻炼 6 周后，他们的肠道菌群中会有更多能产生短链脂肪酸、让肠道健康的细菌。然而，当这些人重新回到久坐不动的状态时，产生短链脂肪酸的细菌又会明显减少。这项研究似乎表明，虽然运动对我们的肠道菌群的好处是实实在在的，但这种好处只有在我们坚持锻炼的情况下才会持续，这是我们坚持锻炼的最好理由。

久坐的危害等同吸烟

现在，我们知道只有坚持锻炼，有益的效果才会持续。但是，同样重要的是，我们要清楚久坐为什么对身体有害。研究人员最近发现，与每天只坐 1 小时的人相比，每天久坐超过 10 小时的成年人的死亡风险高出 34%。另一项研究发现，发达国家每年有近 6% 的死亡可归因于久坐。相比之下，每年约有 9% 的死亡由吸烟导致，有 5% 的死亡由超重或者肥胖导致。为了说明这一点，最近的另一项研究表明，人们坐着，尤其是坐着看电视的时间越长，死于各种原因的风险就越大。在所有的研究中，要想抵消久坐带来的风险只能通过大量的身体活动，即每天超过 1 小时的适度运动。如果我们看电视坐的时间太久，即使适度活动都不能抵消久坐给身体带来的风险。所以，当我们在家看电视节目时，不要只是坐在那里，站起来做一下手部重量训练、伸展运动、抬抬腿或者做任何能够让我们从沙发上站起来的活动。追剧打发时间已经过时了，边追剧边运动才是新时尚！

哪怕白天在办公桌前多站一站，对我们的健康也会有好处。在我们接电话或者开视频会议的时候，请站起来，而不是坐着。如果我们在写字楼里工作，那么就站起来面对面开会（潜在好处是让会议时间更短）；或者更好的方法是，开步行会议，也就是边走边说。不管我们是居家办公还是在办公室工作，我们都可以找到让我们站着或者走路的机会。比如，走楼梯而不是乘电梯，把车停在稍远的地方，每半小时站起来伸伸懒腰或者午餐后散散步。

锻炼的类型

就像冰激凌有多种口味一样，运动也有很多种类型。但是，和吃冰激凌不同的是，我们需要多种运动来保持身体健康。有规律的有氧运动可以让我们的心跳加快、呼吸加深，从而改善我们的心血管健康和提升肺功能。游泳、骑自行车、爬楼梯以及深蹲和俯卧撑都是很好的运动方式。那么，什么是最简单的有氧运动呢？我在这里给出两个提示：第一，这种运动是不花钱的；第二，这种运动我们在两岁前就学会了。你可能已经猜到了，这种运动就是快走，只需要穿上我们的运动鞋就可以出发了！家庭健身的另一个有趣的选择就是搜一搜在线锻炼课程和视频。我会在第 11 章介绍一些我的健身计划。当然，不要忘记任何适度的日常活动，如园艺活动、和孩子们玩耍、遛狗，甚至打扫房间，都可以计入我们日常的有氧运动中。

负重锻炼同样也很重要，尤其对于女性来说，负重锻炼不仅是预防与年龄有关的骨质和肌肉流失的关键因素，还能够避免骨质疏松，而骨质疏松会造成骨骼变薄、变脆，而且容易引起骨折。负重锻炼，包括散步、爬楼梯和跳舞，都可以让我们的身体对抗重力。

举重训练，也叫抗阻训练，是负重锻炼的理想方式。这种训练使我们的肌肉更多，更健美，也更加轮廓分明。肌肉增加可以促进我们在休息时的新陈代谢，这就意味着即使我们坐着不动，也能够燃烧更多的热量。这太棒了！运动还可以有效地消耗血糖。

平衡训练可以让我们的身体保持平衡，提高身体的协调性，并且有助于预防跌倒（这是我们老了以后最担心的事）。试着在每次锻炼中加入一些提高平衡力的运动，或者只要有空闲时间，我们就可以进行平衡训练。我喜欢做简单的单腿站立练习，只需要站直，抬起一只脚离地面约 2.5 厘米，并且坚持 10 ～ 15 秒。然后换另一条腿，每条腿至少练习 5 次。这比听起来要难，但是，只要我们勤加练习，就会越做越好。

我们常常忘记做拉伸训练，这实在不应该。拉伸训练可以让我们保持身体灵活，并可以作为剧烈运动前后的热身和放松方式，从而使我们避免受伤。瑜伽练习和家庭普拉提是很好的拉伸训练，不仅可以让我们的身体得到更好的拉伸，还可以增强我们的核心力量。

瑜伽

关于瑜伽的身体、心理和精神练习可以追溯到几千年前的古印度。在世界各地不同的灵性传统中，瑜伽也有很多不同的练习方式。在现代西方社会，瑜伽主要是通过各种姿势或者体位进行练习的，主要是拉伸和呼吸练习，有时会结合冥想。瑜伽非常有助于缓解压力，同时能够改善肌肉张力，提高身体的灵活性。

作为瑜伽的替代品，或者作为瑜伽之外的补充练习，我们可以尝试练气功或者打太极拳。气功是中医养生学的一部分，通过低强度的身体运动、呼吸练习和放松练习，来帮助我们保持身心平衡。太极拳是从中国古代武术中发展出来的，通过柔和而流畅的动作来帮助我们集中注意力、放松心情、增强体力并达到平衡，有时会被称为“运动中的冥想”。打太极拳能够缓解精神压力和身体疼痛，一些有趣的科学研究为此提供了支持。如果想要学习气功或者太极拳，我们可以参加面对面课程或者在家观看网上的自学视频。

理想情况下，我们应该至少每周做几次不同类型的运动。有些人喜欢每次每种运动都练习一下，有些人则喜欢有氧运动与力量训练交替进行。在运动开始前和运动结束后做一些拉伸训练，并且多做几次平衡训练。

现在我们知道，通过高强度间歇训练，只需要 15 分钟，就可以达到 30 分钟常规锻炼的效果。我喜欢高强度间歇训练，因为这种训练强度大、时间短。我们可以在 1 分钟内尽可能多地进行高强度锻炼，然后在接下来的 5 分钟放慢速度，接着再做一次高强度锻炼。即使我们不需要在锻炼中节省那些宝贵的额外时间，在日常生活中增加一些高强度间歇训练，也有助于我们更快地变得强壮。例如，我们可以在散步的过程中，尝试着加入几组快走（尽可能快）动作，快走和常速走交替进行。

定期锻炼远远比什么时候做什么类型的锻炼更重要。为了帮助你设计出属于自己的锻炼计划，我在本书的后面列出了一些健身和锻炼计划的范例。

在疫情防控期间，居家办公成为常态。对于大多数人来说，居家办公要持续一段时间，甚至会一直持续下去。虽然整天穿着睡衣上班看起来很有吸引力，但是当居家办公涉及我们的健康时，当然也会有一些缺点。因为没有上下班通勤，许多人失去了他们一天中唯一有规律的身体活动，并且居家办公坐着的时间比以往任何时候都要多。同时，人们工作的时间也大大延长了。人们会觉得自己要做到时刻在线，随叫随到，因为老板知道他们在家。

居家办公的好处就是我们有能力创造一个更健康的工作环境。我们可以做一个简单的改造——购置一张站立式办公桌。多项研究证明，使用站立式办公桌对健康有很多好处，而且事实证明，站立式办公桌可以使我们的工作更有效率。

肠道菌群与肌肉

随着年龄的增长，我们的肌肉量会自然而然地减少。少肌症，即一些与年龄相关的肌肉量和肌肉机能损失，是不可避免的。即使我们经常运动，我们的肌肉还是会在 40 多岁的时候开始流失。但是，我们损失的肌肉的多少取决于我们常规力量锻炼的多少。每周进行几次负重锻炼是保持强壮和保护我们免受衰老问题困扰的关键。

例如，当我们的大腿和臀部的肌肉强壮时，我们就不太可能患上使我感到疼痛的膝关节炎。强壮的肌肉可以防止我们跌倒，而跌倒可能导致老年人出现脑震荡或者骨折等伤害。另外，从美学的角度来看，健美和轮廓分明的肌肉是我们的健康门票，可以预防并扭转我们上臂和其他部位肌肉松弛、下垂，以及腹部顽固脂肪堆积的状况。

强健肌肉的一个要素是蛋白质。随着年龄的增长，我们的身体实际上需要比原来更多的蛋白质。把我们的体重数值（以千克为单位）除以 2，就能得到我们每天需要摄入的蛋白质的量（以克为单位）。合理地看待我们对蛋白质的需求，了解一些生活知识，比如一个鸡蛋约含 6 克蛋白质，一罐 5 盎司的淡金枪鱼约含 20 克蛋白质。

除了锻炼，我们还可以利用细菌来对抗肌肉流失。关于这个问题的少数研究主要集中在老年人身上，他们身体虚弱，并且由于肌肉力量减弱而活动受限。有这样一项研究，研究人员在一些身体虚弱的人的饮食中加入了菊粉（一种膳食纤维），结果表明，尽管这些人没有做更多的锻炼，但是他们的抓握力有所加强。菊粉很可能使肠道细菌朝着产生更多短链脂肪酸的方向转变。

确实，如果我们可以只服用一片含有对应细菌的药片就无须再锻炼，那简直太棒了，但是别着急，我们的技术还没有发展到那一步。到目前为止，这项研究只是告诉我们，健康的肠道菌群可以让在我们年老时仍然能够保持良好的肌肉量、肌肉机能和身体机能，前提是我们要保持生活健康。

肠道菌群与骨骼

在我们 30 岁的时候，我们的骨骼就已经达到了它最大的密度和强度。这就意味着，当我们 40 岁的时候，我们的骨密度就开始慢慢降低了。女性到了更年期骨质流失会加速，并且失去了雌激素的保护，女性患骨质疏松的风险更大。30 岁时，摔一跤后我们可能只是拍拍身上的土；但是到了 60 岁，摔一跤后，我们可能会折断一根骨头。男性的骨密度也会随着年龄的增长而降低，但是因为男性的骨骼更大更重，所以这种情况不会像女性这么严重。

尽管随着年龄的增长，一些骨质的流失不可避免，但是负重训练可以减缓骨质流失并预防骨质疏松。是不是猜到了接下来我要说什么？我们的肠道菌群在骨骼强度中发挥着作用，并且其作用会越来越显著。瑞典最近的一项研究表明，益生菌有助于改善绝经后女性的骨密度。这项研究的观察对象是 90 位骨密度低的老年女性（平均年龄为 76 岁）。给其中一半的观察对象服用益生菌补充剂一年，给其他人服用安慰剂一年。研究显示，服用益生菌的女性骨质流失量仅为服用安慰剂的女性的一半。并且，服用益生菌的女性没有因为服用益生菌而产生任何副作用。这一点非常重要，因为用于减缓骨质流失的常用处方药常常令人难以忍受，并且可能会产生一些非常严重的副作用。

作为骨质疏松的预防和治疗手段，益生菌有着非常广阔的前景。但是记住，我们还是需要定期运动。

肠道菌群与关节

骨关节炎，通常被称为关节炎，是世界上最常见的肌肉骨骼疾病，几乎每个 60 岁以上的老人都会有一些轻度的关节炎。如果患有关节炎，那么正常保护关节的软骨就会磨损，换句话说，我们的关节会受伤。

老年人、女性、超重或肥胖人群、吃过多加工类食品和糖的不良饮食人群，以及缺乏运动的人群，更有可能患上严重的关节炎。现在，我们将炎症也加入这些危险因素之中。事实上，很可能是炎症导致关节炎发生。那么又是什么引发了炎症呢？答案是菌群失调引起的慢性的、全身性的低水平炎症。

在工作中，我见过很多类风湿关节炎患者，类风湿关节炎是一种影响关节的自身免疫性疾病。为什么这些患者会找胃肠病医生呢？因为类风湿关节炎不仅影响关节，还会影响肠道。事实上，越来越多的研究表明，肠道菌群中细菌类型的不平衡是导致类风湿关节炎的根本原因。这里有一个提示，类风湿关节炎患者通常会使用疾病修饰药物来治疗，这些药物通过针对免疫细胞产生的细胞因子级联反应来抑制炎症。同时，大部分药物都对肠道菌群产生了积极的影响。这些患者服用药物后症状得到改善，很可能是因为这些药物有助于重建一个更好的肠道菌群平衡。

另一方面，我也经常会将炎性肠病[①]患者，如克罗恩病患者，转诊给风湿病专家。为什么？因为炎性肠病常常会引起关节问题。在这里，肠道炎症问题和关节问题之间的联系也是肠道菌群。炎性肠病患者通常患有肠漏。肠道中的细菌，连同细菌产生的废物和代谢物进入血液循环，导致身体其他部位出现炎症。炎症常常发生在关节，并会导致关节疼痛和肿胀。事实上，大约有 20% 的克罗恩病患者同时也患有关节炎。当肠炎突然发作时，其关节炎情况也会恶化；当肠炎得到控制时，其关节炎情况也会有所好转。对于大多数人来说，关节疼痛是这种疾病可控的部分。有些人会患上严重的关节炎，如强直性脊柱炎，这种疾病会影响脊柱和骶髂关节（连接骨盆和脊柱的关节）。

虽然对于衰老，我们无法阻止，但我们能控制的东西多得惊人。一份健康的地中海式饮食，再加上益生元和益生菌补充剂，不仅会改变我们的肠道菌群结构，还有助于降低能够引发和恶化骨关节炎的炎症。同时，运动也是我们的秘密武器。即使每天只快步走两三次，也能够增强我们的肌肉力量，缓解关节的压力。

所以，现在我们已经知道如何通过锻炼来使肠道焕新了，并且已学得满头大汗，是时候进入下一章了，那是一个能够让我们得到休息、让我们冷静和放松的空间——禅之角。

---

① 炎性肠病（inflammatory bowel disease）：由环境、遗传、感染、免疫等原因引起的异常免疫介导的肠道炎症，具有慢性、终身复发倾向。临床常见的就是溃疡性结肠炎和克罗恩病。——译者注

肠道焕新小妙招

排队时单脚跳。作为一个原来很讨厌排队的人，我现在不那么讨厌排队了，因为我把排队的时间用来锻炼我的平衡力。当我们尝试这么做的时候，可能会引起一些人的不满，但是，这真的是我们锻炼平衡力和耐心的好机会。试试吧！

找人结伴锻炼。和朋友一起去锻炼或上健身课程总是有更多乐趣和动力。这种固定的活动让我们能够坚持下去。

找到健身资金。如果我们在公司上班，我们可能会发现有的公司会为健身会员或为其他健康项目提供补贴。许多公司会提供企业健康挑战或者福利，所以看看有没有这类员工福利！

寻找锻炼乐趣。如果我们觉得锻炼很无聊，那么我们可以在锻炼过程中增加一些乐趣，比如听一些喜欢的音乐、有声书或者把自己打造成直播主角。当我们觉得好玩的时候，时间真的会过得很快。

GUT RENOVATION

第7章

禅之角

现在我们知道，运动是肠道焕新的关键部分，这就像我们要保持精神活跃一样。但是，如果我们的精神过于活跃，想法一个接着一个在脑海中浮现，该怎么办?

好吧，我可以告诉大家，这种现象很常见。

但是，事情往往不需要这样。我们所有人都需要一些策略来消除头脑中的杂音，这就是为什么我们接下来要讨论的内容——禅之角，会成为肠道焕新的一个关键部分。

如果仅从字面来理解，在家里设一个禅之角，很可能是我们能做的最简单也是最经济的改造。我们不需要很多空间，因为这个角落可以是任何地方——卧室和客厅都是不错的选择。或者我们根本不需要一个角落，我们需要的只是一个安静的，能够放下一个瑜伽垫或者一个舒适的垫子的地方（并且最好放一个大大的“请勿打扰”的标志）。

在我们的肠道焕新过程中，禅之角是一个可以让我们专注于心理健康的地方，在这里，我们可以看到心理健康对我们的肠道菌群产生的巨大的影响，反之亦然。不管禅之角设在哪里，怎样设置，最重要的是要记住，找到方法使自己停下来，处理压力或改善情绪，这将在各方面极大地有益于我们的健康。

压力是一个包含很多意义的词语，通常用来形容我们面对挑战时的感受。有时候压力是短期的，基于日常问题，如担心要做的一场演讲。有时候压力是长期的，如正在经历分手。有时候压力是慢性的，如需要不断处理消极情绪，在不良环境中生活和工作，担心财务问题。

慢性压力意味着我们的自主神经系统总是让我们的肾上腺释放压力激素，尤其是皮质醇。如果我们总是处于战斗或逃跑状态，这意味着我们的身体不能得到放松。这表明，慢性压力确实能够扰乱我们的消化系统。压力不仅会引起恶心、呕吐、腹泻、便秘以及其他消化系统症状，还会使我们的肠道过于敏感，出现腹痛等症状。体内的皮质醇水平过高，还会让我们特别想吃东西，尤其是含糖和脂肪的东西。即使是短期压力也会对我们的肠道菌群造成负面影响。慢性压力不仅会导致菌群失调、肠道通透性增加、肠漏，以及由此带来的所有消化道问题，还会通过肠－脑轴影响我们的心情。

肠道菌群与心情

当肠易激综合征患者和其他慢性炎症患者感到焦虑、抑郁或者有压力的时候，他们的消化道症状会更加严重。这些患者会有更多的突发症状、更多的炎症，并在应对病情之时更加难以承受。

从某种程度上讲，肠易激综合征患者的经历，某一时刻也发生在我们大多数人身上。生活无常，有时让我们愤怒，有时让我们担忧，有时让我们觉得烦躁，有时又让我们感到有压力。这些情况都可能会影响我们的肠道菌群。有时候情况会恰恰相反——我们的肠道菌群实际上在影响我们的心情。

我们刚刚开始了解肠道菌群和大脑活动之间的联系。这种联系会发生在很多层面上，比如通过我们的迷走神经系统、肠神经系统、激素、免疫系统以及我们的菌群代谢物发出的信号进行联系（有关肠－脑轴的更多详细内容参见本书第 2 章。）

菌群的变化会影响不同细菌的比例，这种变化最终会对我们的大脑产生深刻的影响。即使是短期压力也会改变我们的肠道菌群状况。以我们的肠道产生的血清素为例，我们在前面已经了解过，在受到某些特定类型细菌的刺激时，我们的肠道内壁的特殊细胞是如何大量产生这种神经递质的。当我们感到有压力时，食物摄入量的变化（比如吃很多冰激凌）可以改变肠道菌群的组成。再加上皮质醇等压力激素对肠道细菌的影响，我们的肠道菌群会发生更大的变化，这会直接影响我们到底能产生多少血清素。血清素是食物能否快速通过肠道的关键。如果血清素含量过高，食物通过肠道的速度太快，就会导致腹泻；相反，如果血清素含量过低，食物通过肠道的速度太慢，就会导致便秘。

压力还会影响我们消化的各个方面。众所周知，表演焦虑，也叫怯场，会激活我们的交感神经，让我们的肾上腺素飙升。我们会心跳加快，口干舌燥，浑身冒汗，并且可能会感到恶心甚至呕吐。

从另一个角度看，我们的肠道菌群能够影响我们的心情。例如，菌群失调会导致肠漏，进而引发系统性炎症。炎症最明显的症状是什么？答案是感到疲惫和沮丧。

我们的肠道菌群如何与大脑沟通，以及如何影响我们的心情的确切机制仍然在积极地研究之中，但是，我发现浮现出来的信息令人着迷。例如，在营养精神病学领域，对重度抑郁症患者采用饮食干预疗法有一些很好的依据。改变这些患者的肠道菌群，很可能有助于改善患者的症状。最近一项研究显示，连续每天都服用益生元补充剂 4 周，可以减少年轻人的焦虑。另一项实验表明，自述存在焦虑问题的女性，连续服用一个月的益生元补充剂，可以降低焦虑水平。而且，菌群测序和大脑成像显示，她们的肠道菌群水平和大脑健康水平有所提升。

使用某种特定的益生菌来治疗严重的抑郁症还有很长的一段路要走。也许很快我们就会看到，心理健康专家开始将饮食和益生菌作为帮助他们客户的工具。

可以说，富含膳食纤维、益生元和益生菌的肠道健康饮食有助于我们肠道菌群保持平衡。反过来，这也有助于我们保持心情稳定。

肠道菌群与婚姻

最近一项关于夫妻吵架的研究，为心情如何影响肠道提供了一个精彩的例证。虽然所有的夫妻都会吵架，但是这里要说的是火药味很浓的吵架。事实证明，如果我们和另一半经常恶语相向，两个人都会更容易患上肠漏。在这项研究中，研究人员对 43 对夫妇先进行了血液样本采集，然后要求他们试着解决彼此间的冲突，而这个过程往往会引起激烈的争吵。争吵结束后，研究人员又重新采集了这些人的血液样本。结果显示，在争吵中表现出最大敌意的一方，其血液中标识肠漏的生物标志物也处于更高的水平。同时，毫不奇怪，这些人的炎症标志物检测结果也处于更高的水平。就像肠漏标志物所显示的那样，糟糕的夫妻关系所带来的慢性压力对他们的消化系统健康明显不利。不仅如此，炎症标志物显示，糟糕的夫妻关系同样对人们的整体健康不利。我并不是要提倡人们赶快分手，而是要说，找到压力较小的方法来解决冲突是非常重要的。

食物与情绪

当情绪低落时，我们可能会决定看一场晚间电影，吃一个冰激凌。我们为什么选择吃冰激凌而不是胡萝卜呢？部分原因是我们选择的安慰食品可能会让自己的情绪得到释放。以冰激凌为例，冰激凌可能会让我们想到童年无忧无虑的生活。好吧，冰激凌也确实很好吃。我们在不知不觉中用食物来影响自己的心情。糖类、脂肪和牛奶中的色氨酸都对我们大脑中的神经递质有短暂的镇静作用。但是，长期吃糖会导致相反的结果——增加焦虑和抑郁的风险。并且，如果长期大量吃糖，突然有一天不吃了，糖戒断会导致我们情绪低落和易怒。

我们吃的东西会对我们的思维能力和情绪稳定能力产生深刻的影响。食物中的宏量营养素（蛋白质、碳水化合物和脂肪）和微量营养素（微生物、矿物质和植物营养素）影响着我们的肠道及大脑中的神经递质、激素、酶的产生。任何营养素的摄入不足或者过量都会影响这些物质的产生，进而可能影响我们的心情、我们的认知，甚至我们的睡眠。例如，我们需要 B 族维生素来维持良好的大脑功能，产生多巴胺（另一种快乐激素）需要维生素 B_6（吡哆醇），产生血清素需要维生素 B_6、维生素 B_9 和维生素 B_{12}。如果没有足够的 B 族维生素来产生这些神经递质，我们会感到沮丧，并且对生活失去兴趣。对于有些人，确实可以通过服用 B 族维生素补充剂来改善情绪。

酪氨酸，广泛存在于鱼类、坚果、鸡蛋、豆类和全谷类食品中，是多巴胺的另一种重要成分。由于多巴胺在调节心情、提升大脑的灵敏度和学习能力方面起着重要作用，所以我们可以看到，在饮食中增加更多的酪氨酸会影响我们的精神状态。

短期压力通常会让我们没有胃口，这是因为压力会使身体释放肾上腺素，从而抑制我们的食欲。但是，长期且持续的压力会促进皮质醇分泌，这会让我们在很多方面都变得兴奋，包括我们的胃口（很可能是通过促进食欲刺激素分泌造成的）。我们会有强烈的进食欲望，也就是压力性进食。大多数情况下，我们渴望吃到高糖和高脂肪的食物，因为我们的身体知道这些食物会减轻压力，会让我们在短时间内感觉更好。理智上，我们知道这些食物对身体有害，但是我们的身体控制了我们的大脑。

我非常理解这种自我挣扎，因为我看到了这种挣扎对患者的影响。明明有些人通过健康饮食，肠道症状已经得到了很好的控制，但是当他们在生活中遇到困难时，又会因为压力大吃大喝，最后又来到我的诊室就诊。这时我们才会认真地讨论压力管理。

日常压力管理

禅之角最重要的功能之一就是处理每天出现的让我们感到有压力的问题。

对我们有用的东西可能对别人不起作用，关注对我们自己有用的东西才是最重要的。我们的肠道焕新内容包括结合自己的实际情况处理日常压力。

及时缓解压力最简单的方法就是给自己 10 分钟安静的放松时间。还有比喝一杯暖暖的舒缓茶更好的方法吗？洋甘菊茶、薄荷茶、蜜蜂花茶、薰衣草茶和玫瑰果茶都可以很好地缓解情绪。这有科学依据吗？算是有吧，但是，在这种情况下有没有科学依据并不重要，我们只需找到一种或几种自己喜欢的口味的茶，并在准备的过程中让自己放松下来，然后找到一个安静的地方慢慢啜饮即可。

如果泡茶不方便，或者一杯茶实在不能缓解我们当时的压力，那么可以试一试深呼吸。我们可以随时随地做深呼吸，只需几分钟就会有很好的效果。具体方法：先用鼻子深深地吸气 4 秒钟，然后憋住气数到 5，最后用嘴巴慢慢地呼气 6 秒钟。至少重复 5 次。这很管用，因为当我们感到有压力和焦虑的时候，我们更倾向于浅呼吸。而深呼吸能够让我们吸入更多的氧气，从而有助于我们平静下来，重新集中注意力。焦虑和压力会激活我们的交感神经系统，让我们产生战斗或逃跑反应。深呼吸，能够激活我们的副交感神经系统，让我们产生休息和放松反应。要知道我们的身体不可能同时有两种反应。

即使只是被一个支持我们的人抚摸，也能帮助我们减轻压力。一个大大的拥抱、拍肩、牵手，甚至只是轻轻地拍拍后背，都会降低皮质醇水平，提高催产素（即爱的激素）水平。支持性的触摸同样会传递信息，让迷走神经告诉大脑一切都很好，提醒我们的身体要放松。在一项研究中，当一对亲密伴侣中的一人受到轻微电击时，仅仅与对方牵手就可以减轻其疼痛感。

排毒数码

现在，我们对媒体的使用已不再局限于家里的一个房间。我们得承认，自己不再需要一个专门的电视间，因为我们能通过电子设备在任何地方看视频！实际上，对于我们中的许多人来说，在我们醒着的大部分时间里，手机就像长在了手上一样。每天，我们会不停地查看手机上的消息和电子邮件，并为我们喜欢和不喜欢的事情担忧，刷手机刷到很晚。我们还会沉迷于游戏，包括电视游戏和电脑游戏。所有的电子设备都会给我们带来干扰，使我们产生压力，甚至沉迷其中。2018 年一项针对大学生的研究发现，大学生花在电子设备上的时间越少，他们就越不容易感到抑郁和孤独。

因此，禅之角的一个重要焕新举措是每日进行数码排毒[①]。关掉我们的智能手机和平板电脑，把时间花在现实生活中。和我们的家人或朋友联系，读一本纸质书，或者做一些我们喜欢的事情，比如做手工。更好的选择是，把这些时间花在最健康的练习上，即冥想。

冥想

冥想是一种能够集中我们的注意力和意识的练习，通过这种练习我们可以达到头脑清醒且情绪平和的状态。例如，祈祷就可以作为冥想的一种形式。但是，在世俗社会中，冥想通常要通过一定的方式来实现，如正念或坐禅作为一种冥想方式可以使减轻我们的压力，让我们平静下来，并提升我们的幸福感。

正念是指留出时间来专注于自己当下的想法和感受的练习。当我们对自己想法和感受的认识加深时，我们就能更好地审视它们，并将之视为更大环境的一部分。以一种非评判的方式去审视，能够真正帮助我们认识到生活中的压力究竟来自哪里。通过注意和承认我们生活中的压力，我们就可以不再担忧、焦虑或者沮丧。

集中注意力是正念的基础，我们可以将注意力集中在呼吸、想象甚至一个物体上，作为平复内心和集中思绪的方式。现在有大量关于正念的书籍、应用程序、网站、视频和讲习班，但是，我们不需要任何特殊的培训来学习

① 数码排毒（digital detox）：选择到没有网络的地方度假，或者不使用电子设备。——译者注

如何练习正念。我们需要的只是一个安静、舒适的环境，可以坐上 10 ～ 20 分钟而不会被人打扰。静静地坐着，将注意力放到我们的呼吸上。当第一次开始正念练习时，我们可能很难集中注意力，很多杂念、忧虑会不断袭来，这都是很正常的现象。平和地对待这些杂念，任由这些杂念进入我们的意识，当它们离开后，我们再重新集中注意力。坚持一段时间后，我们就会发现自己已经能够摆脱这些干扰，轻松地进入正念，进行冥想。

现如今，正念已经变得非常流行，因为这是我们调节自己的情绪和帮助解决不健康的心理问题的一种非常好的方法。而且我们现在比原来更需要这种方法。疫情带来的长期压力导致了许多糟糕的应对机制，如饮酒行为增加和暴饮暴食。事实上，美国心理学协会 2021 年的一项调查报告显示，在疫情流行期间，大约有 61% 的成年人的体重出现了不理想的变化，人们的平均体重增加了 29 磅。报告还显示，差不多 1/4 的成年人会通过喝更多的酒来应对压力。正念练习有助于减少由这些压力导致的不健康行为。

有效的正念练习关键在于每天坚持，或者至少尽可能定期做。我们生活中的压力会一直存在，正念改变的是我们看清问题本质并能更好地应对问题的能力。

正如正念有助于减轻压力，让我们感到更平静、更快乐一样，它对我们的肠道菌群同样能够产生助益。许多研究表明：压力激素会干扰肠道菌群生成短链脂肪酸和其他抗炎化学物质；同时，它还影响神经递质的产生及肠屏障的通透性。经常练习正念有助于抑制压力激素的生成，减少慢性炎症，并使肠屏障功能得到修复。

数十年来，胃肠病学家一直在尝试帮助肠易激综合征患者减轻压力。尽管没有大量的研究数据支撑，但是我们知道减轻压力通常有助于减轻症状。2017 年，一项可靠的研究（通过可测量的数据而不仅仅是患者的自述）显示，正念确实能够改善患者症状。这项研究的观察对象是 75 名患有肠易激综合征的女性。随机选择其中一半的女性参加为期 8 周的正念训练课程，而另一半参加互助小组。两个月后，完成正念训练课程的女性的肠道症状明显减轻，并且生活质量更好，心理困扰更少，内心的焦虑感（与胃肠道相关的过度焦虑）也更少。然而参加互助小组的女性在两个月后表现出的症状改善情况要差得多。

其他冥想方法

冥想是一个很宽泛的概念，我认为它基本上可以是任何能够帮助我们集中注意力、平复思绪并让我们得到放松的事情。最重要的一点是，我们要有规律地冥想，这样就能够很快地进入冥想状态，甚至编织也可以是冥想的一种形式。对于有些人来说，只需要有一些安静的独处时间来读一本书就足够了。

我建议大家尝试一些冥想练习，并找到一种或几种真正对我们有用的方法。引导性想象法[①]，即静静地坐着去想象一个能够让我们放松的地方或者情景，这种方法对有些人很有效果。想象一个让我们真的感到快乐的地方，包括它的气味和感觉。

还有一种很好的冥想练习是感恩冥想。想象我们要感恩生命中出现的一切。这是一种很好的方法，让我们更好地看待生活中所面对的压力。当我们看到压力源[②]也与我们必须要感恩的

① 引导性想象法（guided imagery）：以精神分析法与认知行为原理为理论基础的心理治疗方法，由卢纳于 1969 年创建，采用象征性想象解决潜意识中的心理冲突。卢纳要患者做一系列“醒着的梦”，且每个“梦”都有一个特殊主题。——译者注

② 压力源（stressors）：又称应激源或紧张源，是指任何能够被个体知觉，并产生正性或负性压力反应的事件或内外环境的刺激。——译者注

事情相关时，也就没那么大的压力了。这种方法不仅有助于缓解抑郁症状，同时还被证实能够降低炎症标志物水平和压力激素水平。

烛光冥想①是另一种简单的放松方法（也是利用别人送给我们的蜡烛的好方法）。我们所要做的就是关掉灯，或者把灯光调暗，找个舒服的姿势坐好，然后把点燃的蜡烛放在面前，凝视那忽明忽暗的烛光，调整呼吸。如果我们走神了，那么就重新集中注意力。每次练习持续 5 分钟左右。

除了我们在第 6 章中所讨论的散步对健康的积极影响之外，散步还是一种很好的冥想方式。在令人舒适的环境中安静地散步本身就是一种放松。当我们散步时专注于走路的节奏，就好像坐着冥想时专注于呼吸一样，可以将我们的思绪从让我们紧张的事情中转移出来，只专注于当下的事情。理想情况是我们在户外散步。身处大自然中对我们有很多好处，日本用 *shinrin-yoku* 来形容它，意思是“森林浴”。花些时间让自己置身于树木和绿地间也被证明对健康有益，包括增强我们的免疫系统，降低血压，提高我们的专注力。

积极的自我对话

自我对话，即我们与自己的内心对话。当我们与自己说话时，所说的话可能非常具有启发性。肠道焕新最重要的一步就是不要自我批评。消极的自我对话以及对自己的苛责和质疑会让我们产生悲观的人生态度，会让我们感

① 烛光冥想（candle meditation）：一种以烛光为专注对象的冥想方式，也属于《哈达瑜伽经》所描述的六种清洁法之一，即凝视一点法。——译者注

到焦虑和抑郁。消极的自我对话常常会演变为有毒思想和担忧的恶性循环，而积极的自我对话，鼓励并支持我们自己，是拥有乐观的人生态度和成功管理压力的重要组成部分。

当我们感到自己陷入一个消极的想法时，一种转变大脑思考方向的技巧就是想象一个鲜红的止停标志。这可以给我们的大脑发出信号，让我们停止纠结于令自己沮丧的事情，并给自己一个机会去思考一些更为积极的事情。另一种重要的技巧就是自我肯定。这听起来可能很俗气，就是每天早晨当我们照镜子时，赞美我们自己，并大声地说出来。赞美可以很具体，如“我的眉毛很好看”，也可以很笼统，如“我很善于倾听”。还有一句很好的赞美特别适用于我们处境很艰难的时候，那就是“我已经尽力了”。

最后，我们来说一说心理治疗。作为一名有 20 年工作经验的胃肠病医生，我不得不来说一说心理治疗的好处。我见过心理治疗帮助了无数的患者，心理治疗不仅有助于改善患者的肠道健康，还有助于改善其心理健康。对于我的许多患者来说，认知行为疗法[①]确实有助于他们学习如何应对自己的症状，并减轻能够使症状恶化的压力。认知行为疗法是一种心理治疗方法，能够帮助我们辨别负面行为和思维模式，并学会以更积极的方式来重新构建我们的行为和思维。认知行为疗法的基础是我们自己的想法会引导我们的感受和行为，这就是说，即使我们的处境没有任何变化，我们也可以通过改变自己的想法让自己感觉更好，这就是为什么认知行为疗法对我的肠易激综合征患者和炎性肠病患者非常有效。心理治疗能够帮助这些患者更好地接受自己，并且学会将自己的智慧和精力放在如何能够成功地管理病情上面。当患

① 认知行为疗法（cognitive behavioral therapy，CBT）：一种整合了行为疗法和认知疗法的心理疗法。主要针对抑郁症、焦虑症等心理疾病和不合理认知导致的心理问题。它主要着眼于患者不合理的认知问题，通过改变患者对己、对人或对事的看法与态度来解决心理问题。——译者注

者开始感觉他们能够控制自己的病情，而非束手无策时，患者的压力就会减轻很多，同时症状通常也会有所改善。我乐于对我的患者采用心理治疗的一个原因是见效快，并且他们会学到这些经验，从而达到长期治疗的效果。我也同样乐于看到那些能够说明心理治疗可以有效治疗消化道问题的科学依据。大量高质量研究都在关注认知行为疗法的治疗效果，尤其是对肠易激综合征的治疗效果，并且研究表明它很有效。

心理治疗可以应用于很多不同类型和不同情况的疾病，事实上，我们做的最明智也是最有力的决定就是接受一位心理健康专家的治疗。有一天，我的一位女性朋友告诉我，她不信任那些没有接受过心理治疗的男性。所以，如果我们认为心理治疗对自己有好处，那么就去做吧。我自己也接受过心理治疗，并且我从未因此而后悔。在你的禅之角有一位训练有素并且毫无偏见的帮手可能刚好能帮助你进行焕新。

肠道焕新小妙招

请安静。当手机不停地发出声响的时候，我们是不可能放松的。关掉一些通知，保留那些真正重要的通知，这样你就不会每 5 分钟被打扰一次，也不会感到心烦意乱和精神紧张。我们可以改为设定一个时间，来定期查看我们的各种应用程序，而非不停地翻看。

找到自己的葡萄干。为了改变我们平时冥想练习的节奏，我们可以尝试葡萄干冥想（raisin meditation）。在面前放一颗葡萄干，想象一下我们从来没有见过，也从来没有吃过葡萄干。将我们的注意力放在葡萄干上，探索葡萄干的每一个方面。它看起来是什么样子？摸起来是什么感觉？闻起来是什么味道？然后吃掉这颗葡萄干，慢慢地咀嚼。它尝起来又是什么口感？我们是在用一颗葡萄干（或者其他任何方便的小食品）将我们的注意力从让我们感到有压力的事情上转移出来。这是正念饮食的一种形式，即放慢自己的吃饭速度，密切关注我们吃的每一口食物。

✂ 吃点儿黑色食品。一项研究表明，每天只吃 140 克左右的黑巧克力，并且坚持两周，可以降低高度紧张人群的皮质醇水平和另一种被称为儿茶酚胺的压力激素的水平。同时，有证据表明，黑巧克力可以对肠道菌群起到一种类似于益生元的作用，即能够促进益生菌的生长。黑巧克力有益于我们的肠道健康，有益于缓解压力，并且绝对有益于我们的味蕾！

✂ 自我肯定。在墙上或者镜子上贴一张写着自我肯定内容的贴纸，这会对我们的日常情绪产生神奇的效果。虽然听起来可能有点儿傻，但是相信我，这很有效果。

✂ 做自己的密友。远距离的自我对话，即我们和自己交谈时就好像在和另一个人交谈一样，这有助于我们跳出消极循环的怪圈，并从更客观的视角来审视自己的想法。我们对自己的态度往往要比对朋友严苛得多。

GUT RENOVATION

第8章

睡出健康

卧室

如果这些令人轻松自在的禅修让我们想要躺下睡觉，那么，最理想的地方就是卧室。我们每天要在卧室度过大约 1/3 的时间，卧室也因此成为我们肠道焕新最重要的元素之一。

多亏了睡眠革命，让我们知道，休息对身体是多么的重要，当然，我说的是对肠道健康的重要性。睡眠质量变好，我们的消化能力和肠道健康也会得到改善。菌群与睡眠之间的联系是真实存在的，并且可以为我们带来很多好处。

虽然我们知道睡眠有多么重要，但是我们中的很大一部分人只能梦想自己睡个好觉。这个人群的比例在疫情防控期间会变得更高，因为孤独、居家办公、财务状况不佳带来的不安全感，以及被打乱的日常生活带来的压力，会导致许多人出现“新冠失眠症”(coronasomnia)。

不打盹，你就输了

当生活变得忙碌时，当感觉一天的时间不够用时，我们最先舍弃的可能就是睡眠。我们很可能会这样安慰自己：第二天早点儿睡就好了，或者周末睡个懒觉，甚至说“等我们离世了，有的是时间睡觉”。我不想打击大家，但是如果没有充足的睡眠，离世这一天来得可能会比我们想象得更快。

一般来说，成年人每晚需要 7 ～ 9 小时的睡眠时间。睡眠时间的长短因人而异，有一些幸运儿所需的睡眠时间较少，即使每晚睡眠时间不到 7 小时，他们也能精力旺盛；而有些人则需要超过 9 小时的睡眠时间才能完全恢复。现在，我们可能已经知道自己需要多久的睡眠才能在第二天精神饱满地去做事情，并且，我们可能一周大部分时间都没有达到自己的理想睡眠时间，至少有 1/3 的成年人经常无法获得足够的、不间断的睡眠。研究显示，有 5 000 万～ 7 000 万美国人患有睡眠障碍，如睡眠呼吸暂停（sleep apnea）或慢性失眠（chronic insomnia）。

广义的睡眠不足是指没有得到充足的睡眠。但是，如果我们的昼夜节律紊乱，在不该睡觉的时候睡觉，就会造成睡眠不足；如果我们没有获得高质量的睡眠或在 4 个睡眠阶段都没有获得足够的睡眠，也会造成睡眠不足。另外，一些睡眠障碍会导致我们无法获得安稳的睡眠。

从大的方面来看，睡眠不足会导致患病风险增加，如心脏病、肾病、高血压、糖尿病、脑卒中、肥胖、认知障碍以及某些癌症，这里仅仅列举了其中一部分。低质量睡眠还会影响新陈代谢。如果我们的睡眠不规律，也就是说没有在每晚差不多相同的时间入睡，在第二天差不多相同的时间起床，则很可能会导致我们患上代谢紊乱，出现肥胖、高血压、2 型糖尿病和高胆固醇等病症。最近一项研究表明，上床睡觉和起床的时间每变化 1 小时，我们患代谢紊乱的风险就会增加 27%。

睡眠还与我们随着年龄的增长而出现的认知下降有关。大量研究表明，与那些睡眠更充足、睡眠质量更好的老年人相比，睡眠质量低或者睡眠不足的老年人患痴呆或死亡的风险更高。对于那些每天睡眠时间低于 5 小时的人来说，患痴呆或死亡的风险会更高。当我们已经进入深度睡眠并且还没有做梦时（第二阶段睡眠和第三阶段睡眠），被称为小神经胶质细胞的大脑免疫细胞就开始忙碌起来了，这些细胞会忙着清理大脑神经中的垃圾。它们会清除这一天中积累的毒素，防止导致阿尔茨海默病的蛋白斑和缠结的形成。同时，睡眠中的大脑会让存在于大脑和脊髓中的脑脊液，像海浪一样冲走大脑中的毒素。如果我们没有足够的深度睡眠时间，我们的大脑就不能很好地清理这些垃圾，从而导致我们患上神经系统变性疾病的风险增加。

人为什么要睡觉

睡觉就像吃饭、喝水一样，对我们的健康至关重要。事实上，每当晚上我们睡觉时，我们的身体就会进行一次小型的焕新。我们可能只是在打盹，但是我们的身体非常忙碌，忙着修复和清理受损的细胞，忙着释放促进生长和修复的激素（包括与饥饿和食欲相关的激素），忙着为我们储存醒来后需要的能量。对我们的大脑来说，睡眠能够帮助我们巩固长期记忆，加工和存储新的信息。睡眠是我们醒来后可以高效做事的关键：你需要充分休息来集中注意力解决问题、做出决定并调节我们的情绪。

我们的睡眠觉醒周期（sleep-wake cycle）由体内的两个生物钟控制：昼夜节律①和睡眠稳态②。昼夜节律就是我们的身体和精神随着昼夜变化而变

---

① 昼夜节律（circadian rhythm）：人类进化过程中受白天、黑夜的变化产生的节奏。我们可以把它简单地理解为生物钟，人类在太阳下山时就想睡觉，在太阳出来时就会自然醒。人的昼夜节律主要受光照、体内褪黑素分泌和体温的影响。——译者注

② 睡眠稳态（sleep-wake homeostasis）：可以理解为觉醒的时间越长，机体就越疲劳，而不断累积的疲劳的信号，就会提醒机体该睡觉了，睡眠时间越长，这些信号越少，疲劳感也越少。非快速眼动睡眠和快速眼动睡眠似乎具有不同的稳态调节机制，在睡眠时间不足的情况下，总是最先减少非快速眼动睡眠。——译者注

化的过程，以 24 小时为一个周期。睡眠稳态是睡眠的动力，取决于我们清醒时间的长短。在每天 24 小时的时间里，我们体内的两个生物钟相互影响，告诉我们什么时候睡觉、什么时候醒来，并且还控制着其他的身体机能，包括维持体温、释放激素和新陈代谢。同时，睡眠稳态与我们的生物钟同步，来追踪我们清醒的时间，并告诉我们该去睡觉了。在我们醒着的时间里，我们体内的恒定睡眠驱动会不断地积累并加强，直至我们最终迫于这种睡眠压力去上床睡觉。我们体内的两个生物钟都会对外界环境做出反应，尤其是对光的反应敏感，所以我们在早晨能够自然醒来。同时，体内的两个生物钟会让我们的头脑清醒度在一天之中自然地起落。

大多数人的睡眠觉醒周期都可以与一天 24 小时的昼夜交替很好地同步。但是，有很多因素会扰乱我们的睡眠觉醒周期，包括压力、倒班、时差、疾病、疼痛、药物、睡眠环境（比如有一位打鼾的伴侣），以及我们在睡觉前几小时内吃的东西、喝的饮料。

褪黑素与睡眠

我们体内的生物钟每天早晨会被中央生物钟（central clock）重置。中央生物钟是位于眼睛后面的被称为视交叉上核[①]（suprachiasmatic nucleus，SCN）的一小团脑细胞。随着太阳下山，我们也已经醒了好几小时，视交叉

① 视交叉上核：前侧下丘脑核，位于视交叉上方，是哺乳动物脑内的昼夜节律起搏器，可调节身体内各种昼夜节律活动，能够使内环境以一个合适的时间顺序对外部环境做出最大的适应。为成对结构，视交叉的每侧都有一个核。——译者注

上核感受到黑暗，并向大脑中的松果体[①]发出信号，后者开始分泌褪黑素。这种激素只有在黑暗时才会产生，当我们处在强光下时会停止分泌。

松果体分泌的褪黑素调节我们的睡眠周期。随着晚上睡眠压力的增加，褪黑素使我们的身体系统和身体活动与睡眠同步，让我们感到困倦。我们血液中的褪黑素也会逐渐增加，并且在凌晨 2～4 点达到峰值，然后慢慢减少。随着太阳升起，我们的身体会停止分泌褪黑素，并且开始释放皮质醇，为我们的苏醒做好准备。

那么褪黑素补充剂会有助于我们的睡眠吗？如果我们刚好在正确的时间服用了高质量的褪黑素补充剂，或许会有助于我们的睡眠。我们要购买有信誉的厂家的产品，并且该厂家拥有当前良好的制造工艺。请在临睡前 2 小时服用褪黑素补充剂，这也是我们的身体正常开始分泌褪黑素的时间。

肠道里的“睡衣派对”

就像我们拥有自己的生物钟一样，肠道菌群也有自己的生物钟。肠道菌群的生物钟不仅与我们的睡眠觉醒周期有关，还与我们的饮食习惯的变化有关。当我们的睡眠觉醒周期被打乱时，我们的饮食习惯也会被打乱。其原理是这样的：我们需要充足的睡眠来调节我们体内的激素，尤其是瘦素和食欲刺激素。当我们睡眠不足时，食欲刺激素水平就会升高，这会让我们感到饥饿，同时瘦素水平下降，这会告诉我们自己已经饱了。我们之所以总是感到

① 松果体：人类的松果体为长 5～8 毫米、宽 3～5 毫米的灰红色椭圆形小体，重 120～200 毫克，在 7～8 岁时达到发育顶峰。松果体位于间脑顶部，缰连合与后连合之间，四叠体上方的凹陷内，第三脑室顶，故又称为脑上腺，其一端借细柄与第三脑室顶相连，第三脑室凸向柄内形成松果体隐窝。——译者注

饥饿，是因为我们经常醒着，我们有了很多额外的时间可以暴饮暴食。不仅如此，睡眠不足还会刺激我们对高热量、高糖和高脂肪食物的渴望，让我们把这些食物当作对自己的奖励。

如果你有同感，请举起手。我知道我会举手。想想当年我做实习医生的时候，连续 24 小时甚至 36 小时不眠不休都是常态，在长时间的轮班之后，我的早餐是一个大大的鸡蛋香肠奶酪三明治和一个羊角面包。我疲惫的身体渴望大量的食物，但不幸的是，这些都是不健康的食物。

当我们睡眠不足时，我们会吃很多高热量、低膳食纤维的垃圾食品，而且我们往往会在正常用餐时间之外吃这些东西。我们的肠道菌群不喜欢这样，并且会通过腹泻和（或）便秘、胀气或腹胀来告诉我们。医护人员、急救人员等都很熟悉不规律的睡眠对肠道菌群的影响，并且对此有一个统称：夜班肚。我们可以克服一两周的夜班带来的消化问题，但是，长期下去，睡眠过少或者睡眠紊乱就会导致菌群失调、系统性炎症，甚至可能导致肠漏。

经常性的睡眠不足还会导致体重增加，这可能是由渴望和压力带来的暴饮暴食导致的，睡眠不足还会带来其他的问题，如睡眠呼吸暂停和胃食管反流，这会让我们的睡眠变得更加糟糕。

在工作中，我见过许多患者在其睡眠状况改善后，消化问题也得到了明显的改善。良好的睡眠能够改善任何由于压力问题而加重的消化问题，比如肠易激综合征，这是因为更好的睡眠意味着身体会产生更少的压力激素。更好的睡眠同样有助于解决与肠道菌群和炎症相关的肠道问题。这种帮助是间接的，因为当我们睡眠质量更高时，我们的饮食也会更健康（对肠道也更友好）。当我们的睡眠 – 昼夜节律与肠道的昼夜节律同步时，消化系统疾病的症状就会得到缓解。

睡眠不足还会直接影响我们的肠道菌群。大约有 60% 的肠道菌群会随着昼夜节律的变化而变化，其中有些菌群的数量会增加，而有些菌群的数量会减少。这意味着每天我们的身体都会处在不同的肠道菌群及其不断变化的代谢物之中。对于研究人员来说，这是一个非常有意思的研究领域，因为它有助于解释为什么有些人会失眠，以及为什么在某些情况下，有些疾病的症状在一天内会时好时坏。例如，重度抑郁症患者通常会在早晨感觉更糟糕，而晚上会相对好一些。一些早期的研究也着眼于益生菌对睡眠的影响，研究成果很有前景。

消化与睡眠

正如低质量的睡眠会导致消化问题一样，消化问题也会导致低质量的睡眠。我见过的许多患者都患有胃酸反流或者胃食管反流。几乎每个人都偶尔出现过胃灼热感，这种胃灼热感让我们彻夜难眠。通常情况下，我们可以通过服用一些非处方药物来缓解这种类型的胃灼热感，甚至有时候我们打个嗝，胃灼热感就没了。但是胃食管反流是另外一种情况，它可以让我们连续几夜都无法睡觉，让我们出现严重的睡眠不足。当我们上床睡觉时，胃食管反流的症状会变得更加严重，这是因为躺下之后，重力不能再帮助我们让胃酸留在它本来应在的胃里。胃酸很可能进入食管，从而引起胃灼热感和不适感。

除了改变这些患者的饮食，我还为他们提供一些非常实用的建议，从而让他们睡得更好。

- 第一步，在睡前至少 3 小时内避免进食，这样可以防止我们躺下睡觉时，胃里的食物压迫我们的食管括约肌（位于胃和食管之间）。即使括约肌出现松弛的情况，这样做也确实有助于防止胃酸进入食管。避免食用那些我们已知的能够导致胃食管反流的食物（如含酒精的饮品），少吃油炸食品。（更多详细内容见第 3 章）。

- 第二步，把床头抬高至少 15 厘米。我们必须抬高床头，而不是使用枕头或泡沫橡胶来把头部垫高，仅仅垫高头部可能会使我们在第二天起来时脖子僵硬。
- 第三步，朝左侧睡。朝左侧睡有助于减少胃酸反流的发生，因为这样睡会压迫到我们 J 型胃部的上半部分，从而防止胃里的食物压迫到食管下括约肌。

胃食管反流对我们的睡眠还有另一方面的影响，那就是它与阻塞性睡眠呼吸暂停[①]有关，这种疾病会造成人们在睡觉时呼吸变得越来越浅，甚至出现呼吸暂停。这两种疾病同时出现的概率为 60%。作为一名胃肠病医生，我治疗其中的胃食管反流。许多患者发现，当他们的胃食管反流症状得到控制时，其睡眠呼吸暂停的情况也得到了改善，反之亦然。

时差

当我们的昼夜节律与当地的昼夜模式不同步时，就会出现时差。对于跨时区旅行的人来说，这是一个常见的问题。我们认为，时差是一种睡眠觉醒问题，并且能够导致失眠。但是，正如我们很可能已经经历过的那样，时差也确实能够扰乱我们的消化系统。时差与菌群失调有关，这很可能是因为我们饮食方式的改变，但是也与肠道菌群的昼夜节律中断有关。那么时差是怎

① 阻塞性睡眠呼吸暂停（obstructive sleep apnea）：一般是指成人在每晚 7 小时的睡眠期间，打鼾及呼吸暂停次数达 30 次以上，每次发作时，口、鼻气流停止流通达 10 秒或更长时间，并伴有血氧饱和度下降等情况。——译者注

样显现出来的呢？在不该饿的时候饿了或者在不该上卫生间的时候急着上卫生间，这两种情况都会让我们的睡眠变得更糟。为了避免出现最糟糕的消化系统问题，我们要确保在飞行期间补充足够的水分。在我们登机前，不要去机场的快餐店，要找一个不错的沙拉店吃点儿沙拉。多喝水，并且不喝含咖啡因和酒精的饮料。当我们到达目的地后，要避免摄入那些难以消化的食物以及含有过量咖啡因和酒精的饮料，这样可以减少时差对肠胃的伤害。我发现白天在户外锻炼，有助于加快体内生物钟重置为当地时间。服用褪黑素补充剂也同样有助于我们尽快重置生物钟，但是请记住，褪黑素不是安眠药。褪黑素的作用是帮助我们的身体为睡觉做好准备。我们也要知道，市面上很多褪黑素产品的质量并不好，它们所起的作用可能更多的是安慰剂效应，而不能为我们提供任何能起作用的激素。

失眠

每个人都有睡不着的时候。也许开始只是担心某件事情，后来就导致辗转反侧，彻夜难眠。或许在某个时刻我们想方设法睡着了，但是很快又会醒来。第二天早晨，我们会感到疲惫，没有精神，并且一整天都会感觉很难受。但是第二天晚上，我们会在平时的时间睡觉，或者比平时的睡觉时间更早一点儿，美美地睡上一觉。这就是所谓的急性失眠或者说短期失眠。这种失眠通常只持续一晚或者两晚，但是有的失眠也会持续很久。当失眠每周至少发生三次并且持续了至少一个月时，它就成为慢性失眠。

慢性失眠与胃肠道问题息息相关。大约 1/3 有胃肠道问题的患者表示自己患有慢性失眠。消化问题带来的不适，加上对消化问题的焦虑，确实会影响睡眠，并对肠道菌群造成伤害。我帮助我的患者们将疼痛和不适（以及由此产生的压力）改善到一个可控范围内，这样一来，他们就能够睡得更香。我很少给患者开安眠药，因为安眠药的作用时间短，并且有一些明显的副作用。对于长期失眠，接受过失眠方面特殊训练的认知行为疗法治疗师可以帮助我们缓解症状（更多详细内容见第 7 章）。当让我们无法睡觉的潜在压力消除之后，失眠通常也会自行消失。我们很快要讲到睡眠卫生（sleep hygiene）小贴士，通过学习这些小技巧我们可以加快失眠消失的速度。

午睡

如果我们因为某种原因没有睡好，那么第二天我们会感到困倦、易怒，并且特别想吃许多垃圾食品（这是因为我们体内的食欲刺激素水平发生了变化）。即使前一天晚上我们睡得很好，在我们起床 8 小时后，仍然会感到很困倦。这是因为睡眠压力开始积累，我们的身体能量在一天中会自然起伏。睡眠压力在我们醒着的时候不断积累，并且在我们睡着后下降。经过一晚上高质量的睡眠，第二天我们起来时睡眠压力最小，然后，睡眠压力再次开始累积。

许多人发现下午 3 点左右小睡一会儿能够让他们的疲惫感一扫而光，醒来之后“满血复活”。最佳的午睡时长是 10 ～ 20 分钟，这个时长刚好能够让我们神清气爽，而又没有长到让我们进入深度睡眠，醒来后感觉昏昏沉沉。最重要的是，午睡能够让我们在醒后头脑更敏锐，工作更有效率。最佳的午睡时间通常是我们早上起床时间和晚上睡觉时间的中间时间点，一般来说就是下午 3 ～ 4 点，我们觉得精力不振的时候。有经验的午睡者（我们至少都会认识一位午睡达人）几乎在哪儿都能很快入睡，即使午睡条件并不理想，但是只要想睡，他们依然可以在凉爽、昏暗和安静的地方小睡一会儿。

如果我们不习惯午睡，或者不能在一天中安排出一个午睡时间，那么一个短时间的锻炼同样也能够让我们恢复精力。（详细内容见第 6 章）

当夜幕降临时，我们的身体就开始告诉我们要准备睡觉了。遗憾的是，我们会忽视这种信息。我们并没有逐渐放慢身体活动，而是继续工作、玩电子游戏、看电视，强迫自己继续保持清醒 1 ～ 2 小时以至最终上床睡觉时头脑依然清醒，而睡不着就不奇怪了。

要想睡个好觉，最好的办法就是遵循一些行之有效的基本睡眠卫生习惯。我在这里列出的很多小贴士都有科学依据，当然其中有一些仅仅是常识。都尝试一下，看一看哪种更适合自己。

- 有一个固定的睡眠时间表。每天晚上在同一个时间上床睡觉，每天早晨在同一个时间起床，周末也不例外。睡个懒觉听起来不错，但是星期六早晨的赖床可能最终会导致接下来几天睡眠不足。
- 卧室里不要放电视、手机、电脑和游戏机。在表示不屑之前，请听我说，这是完全可以做到的，请相信我。但是，如果我们做不到这一点，那么至少可以做到把它们都关掉。我们要避免屏幕发出的蓝光，因为蓝光会影响褪黑素的分泌，扰乱我们的昼夜节律。我们可以代之以读一本纸质书。
- 至少在临睡前 3 小时，避免大吃大喝，避免摄入咖啡因和酒精。如果我们对咖啡因敏感，那么这个时间还要提前一点儿。
- 每天至少锻炼半小时，最好在户外。白天做运动可以让我们晚上更容易入睡。暴露在阳光下有助于保持我们的昼夜节律和褪黑素的分泌。有些人喜欢在睡前运动，但这并不对每个人都适合，有些人会因为运动而兴奋得睡不着觉。在晚上，坚持一些轻度运动，如拉伸运动或者瑜伽，这些运动都能够让人放松。

- 临睡前运用一些放松技巧来减轻压力，放松身体。晚上睡个好觉的关键在于我们钻进被窝之前就开始放松。临睡前 1 小时就开始放慢我们的节奏，运用放松技巧来减轻压力。可以尝试使用睡眠放松小程序和第 8 章提到的相关内容，找到平复我们思绪的方法。

远离睡眠杀手

焦虑绝对是睡眠杀手。如果我们发现自己在睡觉前压力很大，可以尝试在枕头下放一个“解忧娃娃”（worry doll）。解忧娃娃来自危地马拉的民间传说。传说焦虑的人在临睡前将烦恼告诉给玩偶娃娃（对每个娃娃只能说一个烦恼），然后将娃娃放到枕头下面，在第二天醒来的时候，这些娃娃就能带走他们的烦恼，并留下了解决这些烦恼的智慧。在我的儿子们还很小的时候，这个方法对他们很管用，现在我自己也开始用这种方法。如果解忧娃娃对我们不起作用，我们可以尝试在临睡前把我们担忧的事情简单地写在日记里。

还记得我们小时候听的摇篮曲是怎么让我们入睡的吗？试着给自己播放一首伴着音乐的摇篮曲。听柔和的音乐可以促进多巴胺的分泌，并降低皮质醇水平。古典音乐是一个很好的选择，不过也有很多非常好的应用程序，可以播放我们喜欢的音乐，帮助我们入睡。我们选择的音乐最好每分钟的节奏在 70 ～ 100 节拍，这是最接近我们心跳的节奏。

卧室焕新

改变卧室的环境，让其能够更有助于我们获得良好的睡眠。

让我们从卧室的核心——床开始吧。更具体地说，是从我们的床垫开始。我们的床垫是不是已经塌陷或者凹凸不平？是不是已经用了超过 5 年？如果是这样，现在是时候换新的了（或者至少可以把床垫翻个面使用）。但是我们应该使用什么样的床垫呢？是传统的内装弹簧的床垫还是记忆海绵床垫？抑或是混合型床垫？

这里没有一个统一的答案。尽可能地多试几种床垫，看看哪种感觉最舒服。床垫上铺上透气的全棉床单、枕套，准备好轻盈或凉快的毯子，这样我们晚上就不会太热。并且，买几个质量好的枕头，要根据个人的喜好选择枕头的软硬度，所以我们的枕头很可能与我们的伴侣的枕头不一样，请按照自己的喜好来选择。

窗户是下一个需要我们焕新的地方。黑暗的房间会让我们睡得更好，所以我们的百叶窗或者窗帘最好能够很好地遮挡光线。如果我们从事的是一份需要倒班的工作，那就是说白天我们也需要睡觉，遮光窗帘就显得尤为重要。我们需要遮光窗帘或者厚重的窗帘来挡住照进房间的光线。这种窗帘很管用，但有可能并不适合装饰我们的卧室。这时，我们可以尝试用遮光眼罩来代替。

或者可以尝试一下我在医学院读书时使用的方法：在衣帽间睡觉。这是真的。在医学院读书的最后一年，我住的是单身公寓，那个公寓刚好有一个相当大的步入式衣帽间。那时我特别喜欢在完全黑暗的环境中睡觉，因为我知道我有很多夜班，我必须在白天睡觉，所以我决定在衣帽间放置一个小床垫，将衣帽间当作我的卧室。对于获得优质的睡眠来说，在衣帽间睡觉真的是非常有效。在黑暗的环境中睡觉绝对有好处！

晚上，我们的身体喜欢更凉爽的环境。一项研究表明，卧室的温度也是影响睡眠质量最重要的因素之一。对大多数人来说，房间内的理想温度应该在 18℃左右。可以调低恒温器，或者根据需要使用风扇或者空调。如果我们感觉这个温度有点儿低，可以考虑穿上袜子睡觉。一项研究表明，在温度较低的房间里用袜子保暖，有助于更快入睡，并且使睡眠时间更长。

温馨提示

如果我们正好处于更年期前期或者更年期，夜间潮热和夜间盗汗可能会影响我们的睡眠。如果我们的卧室还没有焕新，我们也没有在晚上给卧室降温，那么现在正是时候。我们还可以通过避免晚上摄入酒精、咖啡因以及辛辣食品的方式来减少夜间潮热（有些女性的夜间潮热和夜间盗汗现象非常严重，这些人需要完全杜绝酒精）。有研究证明，补充益生菌作为一种治疗手段，有助于降低夜间潮热、夜间盗汗和其他恼人的更年期症状，如阴道干燥。益生菌真的有用吗？我们知道，雌激素和其他类固醇激素会与我们的肠道菌群相互作用，并且最近一项研究确实显示了补充乳酸菌菌株的好处。我们需要对此进行更多的研究。虽然益生菌并不能帮助生成我们失去的雌激素，但是它们可能在其他方面有所帮助。

降低卧室内的噪声真的是一项非常具有挑战性的工作，我并不是针对爱打呼噜的伴侣。真正地做到让卧室隔音会转变为一项重大的建筑工程。最简单的步骤包括：表面软化工作，如在地板上铺上吸音的地毯或毛毯；使用厚厚的窗帘或挂帘，这有助于降低交通噪声。另外，把门周围的缝隙密封起来也有惊人的降噪效果。

有时候，降低卧室噪声最简单的办法就是用更多的噪声来掩盖它。白噪声（white noise）是指所有可以听到的且频率具有相同能量密度的噪声。这会产生一种稳定的嗡嗡声来掩盖其他噪声，如交通噪声或来自另一个房间的电视噪声。风扇或者嗡嗡作响的空调会产生白噪声。此外还有布朗噪声[①]，这是一种比白噪声频率更低的噪声，声音很深远，很像轰隆隆的雷声，可以帮助我们入睡。不管我们喜欢哪种白噪声，我们都可以买到便宜的桌面设备来播放白噪声或者其他舒缓的声音，如屋顶的雨声或者海浪声。

我喜欢早晨叫我起床的日出唤醒灯。日出唤醒灯能够模拟黎明的晨光，慢慢地照亮房间，来唤醒我们。这样，我们就不会在黑暗的房间被嗡嗡的闹钟惊醒，而是看到“日光”自然醒来，这有助于我们重置生物钟。我们可以调整出最适合自己的光线强度和持续时间。

另一项卧室活动

在卧室只有两件事情：睡觉和房事。我们刚刚已经学习了怎样重塑我们的睡眠习惯，那么现在，用椒盐组合[②]的名言来说就是，让我们来谈谈性。我敢打赌，你肯定没有想到这本书会给你有关性方面的建议。好吧，准确地

① 布朗噪声（brown noise）：又称棕色噪声或红噪声。灵感源自布朗运动，又称随机移动噪声。准确地说，布朗这个词来自发现布朗运动的罗伯特·布朗，布朗噪声是一种全波带的噪声波，其能量分布偏向长波段（低频段），很像火焰燃烧时的声音。——译者注

② 椒盐组合（Salt-N-Pepa）：一个音乐组合，成立于 1986 年（一说成立于 1985 年），首张专辑名为 *Hot, Cool& Vicions*，是最早的女子说唱组合之一。——译者注

说，确实不会，但是，性和肠道菌群之间确实存在一些联系，因为我们的“总承包商”总是到处跑！

我们可能还记得，一个健康的肠道菌群会在我们的消化道中产生大量的神经递质血清素。这似乎有些奇怪，但这会影响我们的性生活。有些肠道血清素会最终进入血液循环，并被带到我们身体的其他部位，包括我们的大脑。在我们体内，血清素能够控制并改善流向生殖器官的血液。这个区域的血液循环越好，我们的性反应就越大。在大脑中，血清素能够调节我们的心情，包括我们的性欲。当肠道、躯干或者大脑中的血清素水平下降时，其他部位的血清素水平都会下降，我们的性欲也会下降。没有什么比不健康的肠道菌群引起的胀气、腹胀和突然要上卫生间更能让人没有性欲了。拥有健康、平衡的肠道菌群的女性，其雌激素水平更高，而男性的睾酮水平也更高。

所以，当我们通过肠道焕新使我们的肠道菌群达到平衡后，我们会发现自己的性欲也有所提升。说到这些，一些有趣的早期证据表明，肠道菌群中的某些类型的细菌和患勃起功能障碍的风险有关。现在推荐用益生菌来治疗勃起功能障碍还为时过早，但是在将来，很可能那些神奇的蓝药丸[①]内含有的是细菌而不是药物。

肠道焕新小妙招

进行明智的选择。选择一款适合自己的床垫。如果你喜欢仰卧，可以选择一款中等硬度的床垫。如果你喜欢侧卧，考虑一下中等软

① 蓝药丸：万艾可，因其外形与颜色被称为蓝药丸或蓝色小药丸，主要作用是治疗男性勃起功能障碍。——译者注

度到中等硬度的床垫。如果你喜欢俯卧，那么找一款比较硬的床垫。只有自己亲身体验过并且适合自己的床垫才是最好的。有些床垫专卖店甚至可以让我们先睡一晚上，再做出正确的选择，这听起来有些疯狂。

✕ 中和噪声。白噪声能够掩盖那些让人无法入睡的声音。如果我们在旅行，身边没有产生白噪声的设备，可以试一试风扇和空调，或者使用一些免费的应用程序。

✕ 洗去我们的忧虑。睡前泡个热水澡或者来个淋浴都可以让人的身心得到放松。精神上，我们可以洗去压力；身体上，温水可以舒缓并放松我们的肌肉。洗澡还可以把我们的体温调节到一个更理想的睡眠温度（洗热水澡后体温会降低）。

✕ 闻着香味进入甜蜜的梦乡。在枕套上喷一些香味宜人的薰衣草精油喷雾，有助于我们更快地入睡。

GUT RENOVATION

第9章

健康的肠道，健康的孩子

儿童房

全新的卧室给我们带来了恢复性睡眠和令人兴奋的房事，这很可能为我们的家带来一个新的改变——准备儿童房。既然我们已经知道肠道菌群在我们的健康中起着关键作用，那么如果说这个作用在我们发育的第一天就是至关重要的，也就不足为奇了。就像一个孕妇吃两个人的饭一样，她的肠道菌群也影响着两个人——她自己和她的宝宝。这也从另一个方面说明了为什么肠道焕新如此重要，因为在婴儿出生之前，他们的肠道菌群就开始发育了。

如果你已经有孩子或者正准备要孩子，我相信你一定想了解孩子的肠道菌群是如何影响他（她）的健康的。即使你没有孩子并且也没有打算要孩子，但你也曾经是个孩子，不是吗？接下来的内容会让你了解你的童年是如何影响你的肠道健康以及你整个身体的健康的。并且，更重要的是，你现在可以学习弥补你的童年产生的任何潜在的影响。至少，你可以了解你的父母是如何用另一种方式把你弄得一团糟的。这个情况并不是无法挽回的，我向你保证！

肠道菌群与孕育环境

我们甚至可以说，在女性成为妈妈之前，她自身的肠道菌群就已经在影响着她以后的孩子了。正如肠道和皮肤有自己的菌群一样，阴道也是如此。阴道菌群仅包含大约 300 种不同的细菌种类，比肠道菌群要少得多。主要的阴道菌种是乳酸杆菌。这些细菌的代谢物有助于维持阴道的酸碱度。阴道通常情况下是微酸性的，pH 在 3.5 ～ 4.5 的范围内，大约是橙汁的酸度。这个酸度能够保护阴道不受有害菌侵害，因为那些有害菌更容易在碱性环境下繁殖。

精液也有自己的菌群，并且它们更喜欢碱性环境，当 pH 为 7.0 ～ 8.5 时，精子的游动性会更好。在进行房事时，阴道内的酸碱度会发生改变，变得偏碱性。这能够保护精子游向卵子，增加受孕机会。

所以，如果有什么东西破坏了阴道或者精液菌群，生育能力就会受到影响。如果我们的阴道菌群没有足够的乳酸菌来保持其正常的酸度，口服益生菌也可能有助于恢复菌群平衡。

我们的“总承包商”，也就是肠道菌群，也在生育能力中发挥着作用。多囊卵巢综合征是导致女性不孕最常见的原因。一些研究已经表明，多囊卵巢综合征和肠道菌群的改变存在关联。相关人员正在研究，改善肠道菌群的失衡情况是否有助于治疗多囊卵巢综合征及其相关的不孕症。

肠道菌群与孕期

在怀孕期间，女性身体会出现惊人的变化，这些变化会影响女性体内所有的菌群，包括肠道、口腔、皮肤和阴道的菌群。在怀孕期间，女性的阴道菌群会发生变化，乳酸菌会更多。这可能是准妈妈用来保护自己和胎儿的一种自然方式，这种方式可以避免诱发早产。

肠道菌群与产后抑郁

10% ～ 15% 的女性会在怀孕期间（易患围产期抑郁症）及生产后感到抑郁和焦虑。2017 年，一项随机双盲[①]安慰剂对照研究（科学研究的黄金准则）对 423 名孕妇进行了跟踪研究。在这些孕妇怀孕 2 ～ 3 个月到分娩后 6 个月的时间内，随机让其中一半的孕妇服用含有鼠李糖乳杆菌[②]的益生菌补充剂，另一半的孕妇服用安慰剂（这些孕妇和研究人员都不知道她们服用的是哪一种）。研究报告显示，服用益生菌的一组孕妇，其抑郁和焦虑水平明显低于服用安慰剂的一组。这个结果真是令人惊叹！

怀孕期间激素的变化会改变肠道菌群的构成，影响肠道血清素的产生，所以这种紊乱会影响情绪并不奇怪，而益生菌补充剂有助于重建菌群平衡。用益生菌补充剂代替药物还有很多好处，如方便、便宜，而且不管是在孕期还是在以后的哺乳期，益生菌补充剂都不会对宝宝造成伤害。

婴儿的肠道菌群甚至在他们完全出生之前就开始生成了。在分娩过程的产道中，婴儿就暴露在阴道的细菌中。紧接着分娩后，婴儿可能会因为接触妈妈的粪便而接触更多的细菌。虽然有些恶心，但确实是这样，并且非常重要。爱的拥抱和亲吻会让婴儿通过妈妈的皮肤和口腔接触细菌。接下来的母

① 双盲（double-blind）：双盲实验，试验者和受试者对有关试验都一无所知。——译者注

② 鼠李糖乳杆菌（lactobacillus rhamnosus）：多存在于人和动物的肠道内，在细菌分类学上属于乳杆菌属，鼠李糖亚种，是厌氧耐酸、不产芽孢的一种革兰氏阳性益生菌。——译者注

乳喂养会让婴儿接触更多的细菌，并且这些细菌会直接进入肠道，这些细菌来自乳头周围的皮肤和母乳本身。从这些最早期的接触中，婴儿获得了肠道菌群，类似于妈妈阴道里的菌群，要记住，乳酸菌菌群在阴道中具有绝对优势。

但是，如果孕妇不是自然分娩，而是剖宫产，婴儿会怎么样呢？在美国，大约有 30% 的婴儿通过剖宫产出生，这些婴儿不会立刻接触妈妈的阴道和粪便中的细菌。这些宝宝最先接触的细菌来自周围环境和妈妈的皮肤。研究表明，剖宫产出生的婴儿的肠道菌群与自然分娩的婴儿的肠道菌群明显不同。剖宫产出生的婴儿的肠道菌群更类似于妈妈的皮肤菌群，甚至，有的婴儿的肠道菌群中有来自手术室的细菌。

两种不同的分娩方式所带来的细菌差异在宝宝从出生到 3 个月大之间最为明显。到宝宝 6 个月大的时候，这种差异几乎消失不见。但这最开始的几个月尤为关键，在此期间，婴儿会激活自己未成熟的免疫系统，以便对威胁做出正确反应。如果在这段时间，婴儿的肠道菌群与妈妈的类似，那么婴儿就能够更好地发育出健康的免疫系统，并能够做出适当的反应。研究表明，如果婴儿的肠道菌群与妈妈自身的肠道菌群并不接近，那么婴儿更容易过敏，从而导致出现小儿哮喘、变应性性鼻炎（花粉热）和过敏性皮肤病（如湿疹）等症。在以后的生活中，剖宫产的婴儿也更有可能变胖，并更可能患上糖尿病。还有一些与剖宫产相关的其他健康问题，包括有很大风险患结缔组织疾病、幼年型关节炎、炎性肠病、免疫缺陷和白血病。

早产儿也更容易发生肠道菌群失调，这使得他们更容易出现严重的肠道感染，这是一种被称为坏死性小肠结膜炎的肠道感染，在新生儿重症监护室的婴儿尤其容易发病。有研究表明，给早产儿补充益生菌有助于预防这种可能会出现的致命并发症的发生。

肠道菌群与母乳喂养

如果我们是新手妈妈，我们会想对儿童房做一下焕新，包括添置一把舒服的护理椅或者摇摇椅。为什么呢？因为不管以何种方式出生的婴儿，帮助他们建立强大的肠道菌群的最好的方式，都是进行母乳喂养，并且尽可能地进行长时间的母乳喂养。母乳喂养似乎可以抵消剖宫产对婴儿的不利影响，帮助婴儿形成像顺产婴儿一样的菌群。在很大程度上，这是因为通过母乳，妈妈将母乳中含有的其自身的菌群传给了婴儿，母乳中含有一种特殊的被称为人乳寡糖（human milk oligosaccharides, HMOs）的糖，这种糖有助于促进婴儿肠道内的有益菌生长。

良好的肠道细菌的重要性不仅体现在能够帮助婴儿消化牛奶，还体现在能够使婴儿免受感染。事实上，在出生后最开始的几个星期内，婴儿的免疫系统受到抑制，所以细菌能够很好地繁殖。与此同时，母乳将妈妈体内的免疫球蛋白 A 抗体传递给婴儿，从而婴儿会形成更强大的肠道屏障并生成更多的保护性肠道细菌。值得注意的是，这些来自母体的抗体会一直存在，并一直持续到成年。

如果不能进行纯母乳喂养，又或者需要在母乳喂养的同时补充一些配方奶粉，也不用担心。我们仍然能够给我们的宝宝的肠道菌群一个很好的开始。虽然用母乳喂养的宝宝的肠道菌群会逐渐被双歧杆菌类的菌群控制，用配方奶粉喂养的宝宝的肠道菌群中双歧杆菌较少，但是用配方奶粉喂养的宝宝，其肠道菌群中的其他种类的细菌会更多。母乳中的人乳寡糖，能够像益生元一样，促进双歧杆菌的生长。为了尽可能地模仿这一点，许多婴儿配方奶粉含有通过菊粉合成的人乳寡糖和益生元。

对于出生三个月以内的婴儿，不推荐使用益生菌补充剂，但是对于三个月以后的婴儿，可以在其配方奶粉中添加适量的益生菌补充剂。最近，一项针对婴儿的益生菌补充剂的研究发现，给婴儿补充一种名为“B. 婴儿”的益生菌补充剂三周，对婴儿体内的菌群的有益影响能够持续一年。

有分量的遗产

我的那些超重的患者经常会告诉我，肥胖是他们的家族遗传病。但是，我们要知道不仅基因会遗传，菌群也会遗传。超重或肥胖的女性，其肠道菌群的构成和体重正常的女性的肠道菌群的构成不一样。妈妈体内与肥胖相关的菌群会通过亲密接触和母乳喂养传给孩子。挪威的一项研究表明，孩子在两岁时肠道里就有与肥胖相关的菌群，这与其在 12 岁时出现超重有着很强的关联性。在参与研究的儿童中，其后来超过 50% 的体重变化都与两岁时的肠道菌群的构成有关。

泥土不伤人

作为一名胃肠病医生和两个男孩的妈妈，我希望我的孩子把自己搞得脏兮兮。为什么这么说呢？因为孩子在小时候接触大量的细菌，可以建立起强大的免疫系统和菌群平衡。在现在这个高度洁净的社会，随时随地都要洗手，孩子们很少在户外玩耍，很多孩子因此没有充分接触来自周围环境中的各种各样的细菌。他们正在发育的免疫系统没有得到定期锻炼，也没有学习如何区分环境中的有害菌和无害菌。

当孩子们没有机会接触这些细菌时，他们就不能形成能够保护其一生的强大的免疫系统。相反，他们的免疫系统会变得异常活跃和混乱。免疫系统会误以为花粉和蛋白质这些无害的物质是危险的入侵者，并进行攻击。换句话说，这些孩子会出现过敏症状。

泥土对孩子有益的概念最早是在 20 世纪 80 年代提出的，当时儿童哮喘、湿疹和食物过敏的发病率直线上升。这种发病率的升高与当时出现的一种社会现象相吻合，那就是当时儿童越来越倾向于待在室内而不是在户外玩耍，并且父母开始使用更强力、更抗菌的清洁剂。

要想找到能够支持这一假设的证据，我们可以来看一看在日托的宝宝。相对于没有上日托的宝宝，上日托的宝宝在第一年会更容易生病。这些宝宝患感冒、耳道感染和胃肠道疾病的概率更高，这听起来很可怕！但是随着年龄的增长，这些宝宝患病的概率要低于那些没有上日托的宝宝。这种情况会至少持续到宝宝 6 岁，甚至更长时间。

但是最近，与关注卫生和感染不同，卫生假说有了更新：儿童免疫系统发育的一个更为重要的决定因素是他们接触有益菌的多少，而这在现代环境中越来越少了。这是一个菌群假说，过敏性疾病的增加（如哮喘），与 20 世纪 80 年代以来人们越来越多地使用抗生素、肠道菌群改变和饮食改变而引起的菌群失调有关。今天，大约有 550 万 18 岁以下的人患有哮喘，他们占这个年龄群体总人数的 7.5%。

尽管我们知道肠道菌群与哮喘风险的增加有关，但是具体情况目前尚不清楚。如果通过益生菌补充剂来治疗潜在的菌群失调，是否能够预防并治疗哮喘，目前还没有充分的证据能够证明这一点。但是，婴儿体内的菌群和哮喘之间的关联是很明确的。一位加拿大研究员针对婴儿菌群分类的研究显示，如果婴儿在出生后的 100 天内获得了大量的 4 种特殊菌群，那么他们以后患哮喘的风险会大幅降低，这 4 种菌群分别是毛螺菌属（lachnospira）、韦荣氏球菌属（veillonella）、粪杆菌属（faecalibacterium）和罗氏菌属

(rothia)。

还有另一个更有力的证据，那就是使用益生菌可以预防和治疗另一种常见的儿童疾病——特应性皮炎，俗称湿疹。大约有 20% 的儿童会受到湿疹的影响，皮肤出现干燥、发痒和红疹现象。通常在婴幼儿时期就会出现湿疹，直到青少年时期才会消失。湿疹通常是“特应性疾病”的开始，随后可能会出现一系列的过敏性疾病。先是食物过敏，然后是花粉热，接着出现气喘和哮喘。患有湿疹的儿童以后患炎症性疾病，如溃疡性结肠炎的风险会更高，并且，这些孩子更容易患上注意缺陷多动障碍 (ADHD)。湿疹有家族遗传的倾向，并且有一些与之相关的特定基因。研究人员已经开始研究通过给孕妇服用益生菌，来降低遗传给婴儿湿疹的可能性。这种做法的基础是，益生菌能够使免疫系统平静下来，避免出现过度反应，进而避免出现过敏症状。因为有足够的有力证据表明益生菌能够预防高风险婴儿出现湿疹，所以世界过敏组织 (World Allergy Organization，WAO) 建议，具有过敏高风险的处于孕期和哺乳期的女性以及使用配方奶粉喂养的婴儿要补充益生菌。

那些在有很多动物的农场里长大的孩子患过敏症的风险较低，这可能是因为这些孩子在婴儿时期就接触了动物过敏原，从而产生了免疫。例如，阿米什人 [①] 的孩子在没有机械设备的老式农场里长大。这些孩子从出生起就不断地接触牛、羊和其他的农场动物，即使与那些在现代农场里长大的孩子相比，他们的哮喘发病率也很低。类似的情况也发生在那些与小猫、小狗一起长大的孩子身上。当孩子还是婴儿的时候，家里的小猫、小狗越多，这些孩子在以后出现过敏或者哮喘的概率越低。患病的概率与接触的动物多少有关：接触的动物越多，患病的风险越低。所以，作为肠道焕新的一部分，养只小猫和小狗吧！

---

① 阿米什人：美国和加拿大安大略省的一群基督新教再洗礼派门诺会信徒，拒绝汽车及电力等现代设施，过着俭朴的生活。——译者注

肠道菌群与孤独症

孤独症谱系障碍（autism spectrum disorder, ASD）又称孤独症，是另一种发病率正在上升的疾病。孤独症是一种发育障碍，也可能是由肠道菌群失调引起的。除了在幼儿时期就出现的行为和语言发育差异外，70% 的孤独症儿童通常会患有胃肠道疾病，如腹泻、腹痛、便秘和胃食管反流等。一项研究表明，孤独症儿童出现肠道疾病的可能性是其他儿童的 4 倍。最近，另一项研究表明，患有孤独症的儿童和成年人都更容易患有炎症性肠病。孤独症儿童表现出一种不平衡的肠道菌群特性，并且其体内的有害菌要明显高于正常水平，他们处于典型的菌群失调状态。事实上，最近有一项对 72 个家庭进行研究的项目，这个项目将孤独症儿童的肠道菌群与其兄弟姐妹的肠道菌群进行了对比，发现了明显的差异。这是惊人的发现，因为兄弟姐妹有着相似的基因，并且生活在同一个家庭中，一般来说，他们有着相似的生活环境和饮食习惯。

益生菌有助于治疗一些儿童常见疾病。虽然不是药物，但是益生菌确实可以缓解症状，甚至可能缩短病程。

急性胃肠炎，又称胃病，患有此病的儿童在几天的常规补液和休息治疗之外，还可以通过补充益生菌补充剂来帮助恢复。研究表明，有一些广为人知的益生菌，如瑞特乳酸菌和布拉酵母菌，可以将水样腹泻的时间缩短一天，并通过减少粪便量降低传染风险。将病程时间缩短一天听起来好像并不多，但是作为同样身为父母的我，可以说，这一天可以让整个家庭的生活变得更轻松，更不用说这一天还可以决定我们是可以留在家里，还是因为脱水需要去医院继续治疗。

家里的背景音是感冒咳嗽声吗？两岁前的孩子平均每年感冒 8 ～ 10 次。

上幼儿园能够使这一数字上升到平均每年 12 次。在寒冷的季节（10 月份至次年 4 月份），每天为孩子补充益生菌两次，有助于减少孩子患感冒的次数，并能够缩短病程。益生菌尤其还能够缓解鼻塞和流鼻涕的症状。

我们不想在孩子每次感冒、咳嗽甚至耳朵有炎症时，都给他们使用抗生素。但是，这很难做到。事实上，父母面临的最困难的决定之一就是是否给孩子使用抗生素来治疗疾病。相信我，我能理解，因为没有人愿意看到自己的孩子生病或者痛苦。我的小儿子在 5 岁的时候，出现了一系列严重的耳部感染，看到他承受痛苦，我希望自己能用一些强效抗生素来赶快把他治好。但是，大部分耳部感染都是由病毒引起的，而抗生素是不能杀死病毒的。病毒感染很少会引起细菌感染，所以并不需要使用抗生素。了解这一点并且知道抗生素的破坏性（并遵循儿科耳鼻喉室的医生的指导）后，我控制住了给孩子使用抗生素的冲动，感染最终自行消除。

儿科医生可以帮助我们判断是病毒性感染还是细菌性感染，并能够帮助我们决定是否需要使用抗生素。孩子在小时候使用抗生素，尤其是在两岁之前使用抗生素，会使肠道菌群的组成发生长期的改变，从而可能影响以后的健康。孩子使用的抗生素越多，生病的风险就越高，出现并发症的风险也越高。这种菌群的改变会造成很多疾病的患病率升高，如哮喘、过敏性皮炎、肥胖和炎症性肠病（与肠道菌群改变有关的肠道疾病），并造成对某些抗生素的耐药性增强。

有些时候，我们的孩子生病时需要使用抗生素来治疗，尽管有风险，但是儿科医生还是会建议我们使用抗生素来治疗。如果确实需要抗生素来治疗细菌感染，我们就要注意抗生素的副作用。大约有 1/10 使用抗生素治疗的儿童会出现副作用，如呕吐或腹泻，反应严重的要去急诊就医。

抗生素能够杀死肠道内的有益菌和有害菌，可能会导致腹泻，这是儿童中最常见的副作用之一。我们可以通过为孩子补充益生菌，重建有益肠道菌群的方式来降低部分腹泻的风险，元分析[①]显示，在使用抗生素期间服用益生菌，能够降低50%以上的腹泻风险。但是，有一点需要注意，如果同时使用抗生素和益生菌，那么益生菌可能在发挥作用之前就已经被杀死了。所以，请间隔几小时使用。同时，不要使用含有单一菌群的益生菌产品，要使用含有多种菌群的益生菌产品。

小肚子有大影响

作为父母，我们要确保选择能够帮助孩子建立强大的肠道菌群的最优饮食方案。尤其是在孩子三岁以前，孩子吃的食物将会为其肠道菌群设定一个范围，而这个范围可能会影响他们的健康。

随着孩子从以乳类为主的饮食过渡到更多的固体饮食，婴儿的肠道菌群也会发生变化。一系列不同种类的细菌开始占据主导地位，同时，一些婴幼儿时期的细菌数量会减少，这种变化在孩子两岁时就会出现。三岁时，孩子的肠道菌群开始与成人的相似。四岁时，饮食对肠道菌群的影响已经非常明显。那些习惯于典型美国饮食，如爱吃精制的碳水化合物以及大量零食和甜食的孩子，他们的肠道菌群的数量与那些吃糖少和吃天然食品多的孩子明显不同。孩子的饮食中精制谷物和糖类的成分越多，其肠道菌群的多样性越少。标准的低膳食纤维美国饮食可能会影响孩子的肠道菌群，从而增加患过

① 元分析（meta-analysis）：将同一科学问题的所有相似研究结果进行比较并合并的统计学方法，其结论是否有意义取决于纳入研究的相关结论的质量。与单个研究相比，通过整合所有相关研究，可以更精准地估计医疗卫生保健的效果，并有利于探索各研究证据的一致性及研究间的差异性。而当多个研究结果不一致或都无统计学意义时，采用元分析可得到接近真实情况的统计分析结果。——译者注

敏症、炎症性肠病以及肥胖和糖尿病等代谢紊乱疾病的风险。

和大部分成年人没有摄入足够的膳食纤维一样，大部分孩子也没有摄入足够的膳食纤维。食用膳食纤维越多、饮食结构越合理的孩子，会拥有更多样性的肠道菌群，其中能够促进钙吸收的菌群也更多，而这对于骨骼生长很重要。这些细菌还可能产生更多的短链脂肪酸，对肠道的整体健康和结肠癌的预防非常重要。

好消息是我们现在已经知道怎样才能建立健康的肠道菌群，而且我们在第 3 章中学习的注意事项同样适用于我们的孩子。事实上，这些注意事项对孩子来说更为重要，因为童年时期的生活方式，让我们真正有机会去预防许多终身性疾病，有利于我们养成一个更理想的能够促进长期健康的习惯。所以，让我们全家聚在一起，吃一些有益于肠道健康的饭菜（菜谱在本书后面的章节），尽情享用吧！幸运的是，有一种益生菌食品大多数孩子都喜欢并且愿意每天都吃，那就是酸奶。所以，我们只需要确保选择一种含糖量不高并且标明含有活性乳酸菌的酸奶即可。如果孩子不喜欢喝酸奶，那么我们可以试一试发酵乳饮料，这种饮料同样受孩子欢迎。

对孩子来说，锻炼和睡眠也很重要，甚至比对成年人更重要。同样，远离电子设备也非常重要，尤其是在疫情防控期间，一些不好的生活习惯正在养成。能够做到以上这些非常具有挑战性。鼓励孩子养成健康习惯最好的方法之一就是以身作则。我们自己盯着手机不放，却对孩子大喊大叫，让他们别玩平板电脑，这是没有用的。预留一个不使用电子设备的时间段，并在这段时间锻炼。一个简简单单的 15 分钟的户外散步，也是一个很好的锻炼方式，可用来提醒我们所有人：要把健康放在首位。

肠道焕新小妙招

✕ 相拥而眠。多和宝宝进行肌肤接触，将有益菌传递给宝宝。特别是剖宫产出生的宝宝，要多和宝宝拥抱亲吻，并进行母乳喂养。

✕ 精明购物。婴儿的肠道菌群和成人的一样，很容易被抗生素破坏。所以，我们要选择不含抗生素的奶制品和其他动物制品，尽可能让孩子少接触抗生素。

✕ 尽早介入。如果我们的家庭成员中有人有过敏情况，那么我们需要咨询儿科医生来确定可以让宝宝服用益生菌的合适的年龄。益生菌有助于预防儿童过敏，如特异性皮炎（湿疹）和哮喘。

✕ 让纤维变得有趣。例如，可以通过纤维积分游戏的方式让宝宝从健康肠道饮食中找到乐趣。为不同的食物设置不同的纤维积分，如果宝宝的纤维积分累积到十分，可以奖励他（她）一个甜品。

GUT RENOVATION

第10章

家庭的“排毒房”

洗衣房

最后需要改变的是洗衣房。正如我们所知道的那样，如果我们已经对家中做了改造，一旦其他地方已经改造完成，那么所有改造的最后工作都是进行一场彻底的清洗。肠道焕新也是一样，毕竟，我们不会在一个一尘不染的新家，把成堆的脏衣服扔得到处都是，对吗？对！

即使拥有世界上最好的习惯，我们也需要确保我们所处的环境对我们的健康有利。在本章中，我们将学习如何清除对肠道健康有害的毒素。我们可能会惊讶地发现那些潜藏在家中和日常用品中的毒素。

我们可能太干净了

如果因为还没有孩子，你跳过了第 9 章的内容，那么现在就翻回去看一遍吧。在第 9 章，我解释了为什么太干净实际上会对人体的免疫系统和肠道菌群有害。这并不是说我们要穿着臭臭的衣服住在一个脏脏的房子里，而是想说，要接受我们周围和我们身上的细菌。与其不断地用有刺激性的化学物质来消灭这些细菌，不如策略性地选择清洁方法，使用那些既能够完成清洁任务，又不会破坏我们内部和外部环境的产品。

在我们的洗衣房焕新中，首先要更换的就是那些抗菌清洁剂。这些产品的广告通常是：杀死细菌，保护家人健康。但实际上，没有证据表明，这些抗菌清洁剂的清洁效果会比普通的肥皂和水更好。相反，大量的证据表明，含有抗菌类化学物质的清洁剂实际上会导致非常严重的抗生素耐药性问题。

2017 年，美国食品药品监督管理局明令禁止了两种广泛使用的抗菌成分：三氯生和三氯卡班，以及大约 15 种其他抗菌类产品。动物研究表明，三氯生能够导致肠道菌群的多样性发生快速改变，并且，制造商也没有临床证据证明他们的产品的清洁效果比不含抗菌成分的肥皂更好。同时，美国食品药品监督管理局还指出了另一个问题：从长远来看，我们不知道抗菌产品是否安全。制造商已经不再使用抗菌声明，并且停止在消费品中继续添加抗菌成分，但是这种抗菌成分可以在医疗系统中使用，如医院和诊所。

上述禁令在 2018 年生效，所以有可能我们家中还留有一些这样的产品。如果我们在产品的包装或者标签上看到有“三氯生”或者“三氯卡班”的字样，请扔掉这样的产品。

保留消毒洗手液

当我们扔掉所有那些旧的抗菌清洁剂的时候，请不要扔掉消毒洗手液！经历了新型冠状病毒感染，我们知道了表面传播不是最大的风险，同时我们对消毒洗手液也有了新的认识。我们中的许多人都已经意识到，实际上我们每天都会将大量的细菌和病毒带回家，很多时候这是可以防范的。在没有肥皂和水的情况下，这些产品是安全且有效的。但是，如果可能的话，我们还是用清水洗手吧。

肠道菌群与清洁产品

如果一种产品杀死了我们周围环境中的细菌，那么它是不是也会伤害我们体内的细菌，比如我们的肠道菌群？答案是肯定的，所以这也是一个能够让我们考虑使用更安全的替代品的一个很好的理由，并且会让我减少盲目的自身清洁以及对周围环境的清洁。我们抹在皮肤上或吸入体内的任何东西都可能被身体吸收，从而影响我们的肠道菌群。例如，三氯生通过引发炎症的方式影响肠道菌群。最近一项研究表明，在家用消毒剂环境中的婴儿的肠道菌群会发生变化，这种变化会导致儿童在三岁时就会出现超重或肥胖。同时，我们还了解到，家用化学品与婴儿气喘和哮喘紧密相关。

如果我们清洗卫生间时，不得不使用强效清洁剂和消毒剂，那么请戴好手套，并确保该区域通风良好，确保所有的表面都干燥，在所有气味都消散之前，不要让孩子和宠物进入该区域。

更安全的替代品

任何普通的清洁剂都能很好地去除我们手上和其他部位的污垢和细菌。对于强效的家用清洁产品，我们要选用带有安全标志的产品。自己动手做的安全洗涤剂价格便宜并且容易制作。网上有很多使用无毒材料的简易配方，如使用醋和柑橘油就可以制作。我们可以尝试一下，并找到适合自己的配方。不过，我们在试验的时候一定要小心。例如，漂白剂和氨混合后会产生有毒的氯氨气体，这种气体很可能会致命。另外，漂白剂和过氧化氢混合会迅速释放氧气，而这可能会导致爆炸。不要将漂白剂与其他任何清洁剂混合。

抗生素耐药性的预防

在美国，每年约有 280 万人出现抗生素耐药性感染，其中有超过 35 000 人死亡。我们的药箱可能导致了这种问题的发生。

当我们使用抗生素来治疗感染时，抗生素不仅杀死了导致感染的有害菌，还杀死了我们肠道内的一些细菌，其中就包括那些保持肠道菌群平衡的细菌。这就是为什么说腹泻是使用抗生素后常见的副作用。还有另一个问题与抗生素的使用有关，那就是抗生素使用不当会促进抗生素耐药菌的生长。当医生给患者开抗生素时，想要杀死的危险致病菌被杀死了，但是，少数细菌可能因为一些自然变异而存活了下来。这些细菌继续繁殖，并将其耐药性传给下一代，繁殖出更难被杀死的新细菌。最终，一些细菌会变成超级细菌，也就是说，它们根本无法被抗生素杀死。

我们使用的抗生素和抗菌剂越多，产生的抗药性细菌也就越多。有时我们需要使用抗生素，因为使用抗生素的好处大于其产生的副作用和耐药性带来的风险。但是，如果在不需要使用抗生素时使用了抗生素，那么我们就得承担抗生素带来的全部风险，却得不到任何好处。

在工作中，我当然也会为那些确有需要的患者开抗生素。但是，我会花很多时间向我的患者解释，为什么我没有给他们开抗生素，因为我有义务做好这些药物的管理。例如，如果我认为一位患者是病毒感染，使用抗生素是无效的，因为抗生素只能杀死细菌，使用抗生素还可能毫无理由地破坏患者的肠道菌群，增加了耐药细菌的问题。如果患者确实需要使用抗生素，我就会鼓励他们同时增加富含益生菌的食物的摄入量，并且在某些情况下，也可以服用益生菌补充剂。

在疫情流行期间，即使抗生素并不能杀死病毒，但还是有很多医生都为他们的患者开了抗生素。因为这些医生担心，由于病毒感染而变得虚弱的患者会出现继发性细菌感染，所以作为预防措施，他们给患者开了抗生素。2020 年上半年，新型冠状病毒疫情变得越来越严重，尽管因新型冠状病毒感染住院的患者中的许多人并没有出现细菌感染，还是有超过一半的患者接受了抗生素治疗。在当时的情况下，我们对新型冠状病毒感染的治疗方法还没有足够的认识，所以过度用药也是可以理解的。后来，随着对新型冠状病毒感染治疗经验的积累，我们不需要过于担心过度用药的问题，但是，过度用药的情况依然在发生，并且将来很可能产生更多的具有超强耐药性的超级细菌。

为了防止出现耐药性问题，我们要记住，如果出现嗓子疼、感冒或者流感，使用抗生素通常是没有用的。但是，每个人都有特殊的健康需求，所以当我们需要使用抗生素时，请先咨询医生。并且，服用抗生素要完全遵照医嘱，不能因为感觉好些就擅自停药。不要给别人服用自己使用的抗生素，同时，也不要服用别人使用的抗生素。

粪便移植

抗生素的过度使用对我们肠道菌群的破坏就像森林大火烧毁树木一般，有益菌和有害菌都会被杀死。当肠道菌群遭到破坏时，我们就不能很好地保护自己免受感染（尽管我们服用抗生素是为了消除感染）。这就为一种非常令人讨厌的被称为艰难梭状芽孢杆菌（简称艰难梭菌）的细菌，敞开了大门。这种细菌会导致严重的腹泻，并很难治疗。在美国，每年都有超过 300 万人感染艰难梭菌，造成约 13 000 人死亡。

粪便移植是一种针对艰难梭菌感染的治疗方法，也称为粪便菌群移植。粪便移植是将健康供体的粪便转移到其他人的体内，目的是恢复受体肠道菌群的健康平衡状态。这究竟是怎样做到的呢？通常有以下两种方法：一种是通过灌肠或者结肠镜检查来转移粪便；还有一种是给患者服用含有供体粪便的粪便胶囊。听起来比较恶心，但是粪便移植就是这样。以前就有粪便移植，但是它被视为一种比较极端的疗法，而现在粪便移植正在成为一种主流的医学治疗手段。

环境中的化学物质

我们周围的环境中一直充斥着各种各样的化学物质，如汽车尾气、油漆、塑料微粒、杀虫剂以及许多其他的物质。这在现代生活中不可避免，并且，因为这些化学物质在我们生活的环境之中，所以它们最终会影响我们的肠道菌群。准确地说，这种影响取决于化学物质的种类和我们的暴露程度。但是，总的来说，周围环境中的化学物质和我们的肠道菌群会通过几种不同的方式进行相互作用。实际上，我们的肠道细菌喜欢某些化学物质，但是这种化学物质很可能改变肠道细菌的代谢产物。有些化学物质会通过胃肠壁吸收进入血液循环，并最终通过肝脏来进行排毒，这个过程会对化学物质做出改变并将其送回肠道，通过肠道排出，但是肠道菌群很可能再次发生反应，并生成新的有毒的代谢产物。这些化学物质还可以改变肠道菌群的平衡，这很可能造成肠漏或者菌群失调。最终，环境中的化学物质改变了肠道菌群的代谢活动，由此，肠道菌群的平衡被打破。

很可怕，对吗？我们不可能避免接触环境中的所有化学物质，但是，我们可以通过一些非常简单的操作，尽量少接触一些最常见的化学物质。

半挥发性有机化合物（SVOCs），广泛应用于家居产品中。19 世纪 70 年代以来，阻燃剂作为一种半挥发性有机化合物，被添加到许多家居产品中，尤其是软垫家具、电子产品、乳胶床垫和聚苯乙烯建筑材料。增塑剂（一种可以使材质变得更加柔软和更富弹性的添加剂）和杀虫剂是两种几乎无法避免的半挥发性有机化合物。由于半挥发性有机化合物的外渗、消散和使用，我们会通过室内的粉尘直接接触这些化学物质。半挥发性有机化合物与许多健康问题有关，如内分泌紊乱和神经损伤。小孩是最容易受其伤害的，因为他们会在有灰尘的地板上爬来爬去，然后把手指放进嘴里。除了会造成身体伤害，这些物质还会破坏我们的肠道菌群，改变菌群的种类和数量。

我们可以通过用湿布拖地和使用带有高效微粒空气过滤器（HEPA）的真空吸尘器，来降低粉尘量，从而少接触阻燃剂。当我们需要购买新的软垫时，尽量选择纯棉、涤纶或者羊毛材质的软垫，而不要选择聚氨酯泡沫塑料材质的软垫。使用有害生物综合治理（IPM）技术代替使用化学杀虫剂。病虫害综合防治技术使用对环境友好的方式来消灭家庭有害生物，如啮齿科动物和昆虫，不用或者尽量少使用毒药或者其他危险的化学物质。

室内空气质量

我们有大约 90% 的时间是在室内度过的，所以关注我们家里和工作场所室内的空气质量是非常重要的。自从 2020 年以来，对我们大多数人来说，家里和工作场所已经成了同一个地方！室内空气污染的来源范围很广泛。家用清洁产品中的半挥发性有机混合物是其中一个常见的来源。许多其他物质释放的挥发性有机化合物对我们的身体也同样有害。挥发性有机化合物来自油漆、除漆剂、喷雾剂、空气清新剂、衣物干洗剂、杀虫剂、工艺品中的胶水和黏合剂，以及复印机和打印机等办公设备。另外，产生半挥发性有机化合物和挥发性有机化合物最多的、造成室内空气污染的因素，还可能是霉菌、建筑材料、地毯、燃气灶或者壁炉等火源及个人护理产品。

室内和室外的空气污染会使我们的肠道菌群发生改变，使菌群的多样性改变，使有害菌增多。

我们可以采取一些措施，来减少室内空气污染，如选择低挥发性有机化合物或者零挥发性有机化合物的油漆，使用绿色干洗剂，查找并消除霉菌。但是，减少室内空气污染最好的方法，就是通风。这个方法也可以减少新型冠状病毒的传播，现在是时候进行肠道焕新中的窗户改造了，使空气能够自由流通，并安装窗式排气扇。我们也可以准备一些便携式的空气净化器，在我们不想开窗的时候使用，比如外面确实很冷、外面污染严重或者有致敏原时。空气净化器要和房间的大小相匹配，并配有高效微粒空气过滤器才会发挥作用。

有机食品

我们还可以通过购买有机食品来少接触化学品。

工业化农业使用大量的杀虫剂、杀菌剂、除草剂和化学肥料。我们不可避免地会摄入其中某些化学物质。这些化学物质对消化系统的累积效应还在研究之中，但是，那些能够杀死植物上的真菌和昆虫的化学物质很可能也会杀死我们肠道中的细菌。

为了避免出现此类问题，我们要选择有机种植的农产品。美国农业部（United States Department of Agricuture，USDA）的有机标签意味着种植该农产品的土地没有使用禁用物质（如合成肥料和杀虫剂），并且至少要在产品上市前已经执行了 3 年。美国农业部的标准非常严格，所以许多在当地农贸市场销售农产品的小农户无法达到其标准，尽管这些农户也使用了有机种植方法，并且没有使用化学品。但我认为，从这些农户那里购买农产品是安全的，不仅如此，购买当地农产品还可以支持当地农业发展，使我们的社区保持一个开放的空间，毕竟没有什么比当天采摘的农产品更新鲜了。

采用有机种植方式种植的农产品的价格可能要比超市平时卖的农产品贵一些。如果我们觉得太贵或者找不到有机农产品，那么可以去买一些传统种植的农产品。美国环境工作组公布了一份含有 15 种农产品的清单，清单上的农产品即使没有采用有机种植方式，也相对比较安全。这个清单每年都会有所不同，但一般来说，清单上都会有芦笋、牛油果、西蓝花、圆白菜、哈密瓜、菜花、甜玉米、茄子、甜瓜、猕猴桃、蘑菇、洋葱、木瓜、冷冻豌豆和菠萝。美国环境工作组还公布了一份“脏十二”的水果和蔬菜的清单，清单上都是喷洒农药最多的食物。这份清单包括苹果、甜椒和辣椒、芹菜、樱桃、葡萄、甘蓝、芥菜、桃、梨、菠菜、草莓和西红柿。

非处方药

每家药店的货架上都摆满了非处方药。非处方药中的抗酸药物和助消化药物对于处理一些小问题非常有效，如偶尔的胃灼热感、胀气或轻度腹泻。根据美国食品药品监督管理局的定义，这些药品非常安全并且有效，在购买时无须医生开具处方。但是，我们仍然需要非常小心地服用这些药物，因为有些最常见的非处方药会对我们的消化系统造成严重的损伤，并破坏肠道菌群平衡。如果我们发现自己需要一直服用非处方抗酸药，那么我们就需要去看医生，因为我们可能有更大的问题需要解决。

最常见的非处方药就是非甾体抗炎药（NSAID）[①]，包括阿司匹林、萘普生和布洛芬（艾维德尔、美林）。这些药物能够缓解疼痛，减轻肿胀，并且能够退热。对乙酰氨基酚（泰诺）不是非类固醇消炎药，因为它的作用机制不同，但是这种药物也是非处方药，并作为止疼药和退热药而被广泛使用。

服用非甾体抗炎药有时会出现肌肉酸疼或者头疼症状。但是，就像我在办公室看到的那样，一天或每天多次服用非甾体抗炎药会导致严重的肠道问题。这些药物会刺激胃和肠道的内壁，破坏保护性黏液层，从而引发胃炎甚至溃疡。这些药物还会引起腹痛、严重的胃出血或肠道出血，造成肠道通透性增强，也就是肠漏，同时造成肠道菌群发生改变。

另一种非处方药对乙酰氨基酚，不会引起腹痛或者肠道刺激，并且似乎也不会影响我们的肠道菌群。尽管这类药物对炎症不起作用，但对于止疼和退热来说，它仍然是非类固醇药物很好的替代品。但是，请谨慎使用，因为大剂量的药物会损害我们的肝脏，每日的药量要控制在 3000 毫克以下，并且不要饮酒。我们需要注意的地方可能比我们想象的要多，因为很多非处方类药物的配方中都含有对乙酰氨基酚，如感冒药和过敏药。此外，要非常小心，要将药品放到儿童和宠物接触不到的地方。因为，即使是一小片对乙酰氨基酚药片也能够杀死一只猫。

减少酒精摄入量

新型冠状病毒流行给我们带来了压力。在活动受限、居家办公、居家学习，以及非常现实的健康风险之下，我们看到有些人比平时多喝一些酒，也

---

① 非甾体抗炎药：除了类固醇类消炎药之外的所有消炎药，包括阿司匹林及其他由抑制环氧化酵素产生消炎、止痛、解热作用的药物。——译者注

就不觉得奇怪了。根据美国国家防止酒精滥用与酒精中毒研究所（National Institute on Alcohol Abuse and Alcoholism，NIAAA）的说法，成年人适度饮酒有益于身体健康是指女性每天最多只喝一杯酒，男性每天最多只喝两杯酒。但是，美国的一项全国性调查显示，与 2019 年同期相比，2020 年女性的饮酒量增加了 14%，男性的饮酒量增加了 17%。令人担忧的是，该项调查还显示酗酒者（每周喝 8 杯及以上的人群）增加了 41%。

随着生活恢复正常，现在是时候考虑清理我们的酒柜了，将酒精的摄入量降到原来的水平或者更低，抑或干脆戒酒吧。我在第 7 章中讲到的压力管理方法可以帮助我们减少饮酒量。

如果我们还需要更多的理由去解释为何要减少酒精摄入量，那么我现在要说的是：酒精确实能够损害我们的肠道菌群。多年来，我们一直使用酒精消毒剂来杀死手上的细菌。我们喝进去的酒对我们的肠道菌群也会产生同样的作用，并且非常具有破坏性。酒精会改变肠道菌群的平衡，将其变为不同优势的菌群。如果喝酒过多，我们很可能出现由菌群破坏而引起的菌群失调和小肠细菌过度生长。酒精引起的菌群失调和肠壁通透性增强导致的炎症，似乎在酒精相关的肝病的发展中起着重要作用。另一方面，红酒中的多酚可以使肠道菌群向着更积极的方向转变，但前提是我们适度饮用红酒。如果每天饮用的红酒超过一杯，那么就不会有益处了。只要我们不喝酒或者少喝酒，有些由酒精造成的肠道菌群损伤就可以减少。益生元和益生菌补充剂可以帮助肠道菌群快速恢复正常。

酒精也会以更隐蔽的方式来影响我们的肠道菌群。酒精会扰乱我们的睡眠，让我们更想吃含糖和盐的加工类食品，并且会感到对这类食品无法抗拒。正如我们在第 8 章中讲到的那样，就像我们身体的其他部分一样，我们的肠道菌群也需要休息。本书的每个章节都讲到了加工类食品（也包括酒精在内）对我们肠道的损伤。

请勿吸烟

肠道焕新最重要也最简单的方法就是不要吸烟。除了我们所了解到的香烟对我们的危害，香烟还会对我们的整个消化系统造成严重的损伤。吸烟会造成从口腔到肛门的整个消化系统患癌风险增加，吸烟是口腔癌、食管癌和结肠癌的主要风险因素，其中，结肠癌是癌症死亡的第二大原因。另外，吸烟和有胃灼热感与胃食管反流、胃溃疡之间也存在着关联。除此之外，吸烟还会损害我们的肠道菌群的平衡。将吸烟者的肠道菌群与不吸烟者的肠道菌群进行对比，我们可以发现，吸烟者的肠道菌群并不平衡，这表明，对于炎症性肠病等问题，戒烟应该作为其治疗手段的一部分。当吸烟者戒烟后，他们的肠道菌群会慢慢地恢复平衡，并达到不吸烟者的肠道菌群的状态。

现在，我们已经拥有了肠道焕新所需要的所有东西。那么，是时候看看我们在日常生活中如何使用它们了。肠道焕新计划就在下一章也是最后一章等着我们。

肠道焕新小妙招

购买益生菌空气净化器。想拥有一个真正的高科技产品吗？我们可以购买一个益生菌空气净化器。这种创新产品实际上是将益生菌喷到空气中，在家里或者办公室使用。根据厂家的介绍，这种益生菌会去除宠物毛屑、尘螨、花粉和其他在室内通常会引起我们过敏的物质。

🛠 有意识地清洁。自制万能清洁剂：将等量的水和白醋混合，装到喷壶里，再加入十滴芳香精油，如柠檬、薄荷或者茶树油。摇匀后喷洒，可以安全地除垢。

🛠 重塑欢乐时光①。如果想和同事一起少喝酒，那么就在工作中少一些酒精依赖的活动，多一些更健康的活动。可以利用欢乐时光去参加公园里的飞盘活动或者健康烹饪班。这种活动最大的好处是什么？那就是第二天上班时没有宿醉！

🛠 放眼全球，在本地购物。在当地的农贸市场购物，不仅能让我们吃到本地的有机农产品，为我们的饭桌增加许多本地特色，还能更有利于环境，因为这样减少了食物长途运输所需的成本。

① 欢乐时光：酒吧间术语，通常指一小时的或更长的优待顾客时间，或者酒减价，或者免费供应小吃。——译者注

GUT RENOVATION

第11章

肠道焕新计划

起居室

现在是时候将我们刚刚学到的一切付诸实践了，将我们的肠道和整个身体都打造成真正的“梦想家园”。在肠道焕新计划中，我们会发现对肠道有益的事情对我们的健康也有益。当然，每个人的偏好不一样。在这里，我们每个人都是自己的“室内设计师”（字面上的），所以我们可以选择任何一种最适合自己的方式。这一点非常重要，就像我对我的患者所说的，持续性是我们养成健康好习惯的关键，如果我们觉得这是一件苦差事，我们是很难坚持下去的。

我需要强调的一点是，我们不可能一下子把每件事情都做好，但是，这没有关系！这和我们把所有的房间都同时焕新不一样。不过，既然我们现在知道每个部分是如何衔接的，就可以根据自己的需求来调整计划。

我喜欢肠道焕新计划，因为这个计划很实用，并且好操作。特别是那些列着美味食物的食谱（食谱在本书的后面），都很简单，并且容易上手，这很可能是因为我有两个总是饥肠辘辘的儿子，我没有耐心也没有那么多时间可花在做饭上面。即使我们只有 10 分钟的空闲时间，也可以很容易地将这些计划纳入我们忙碌的日程之中。就像我之前说的那样，我们不要觉得自己必须同时处理所有事情。我们只需要选择一个房间，不管哪个房间都可以，然后“破土动工”，开始我们的焕新计划。这个计划中肯定会有一部分适合我们。跟着感觉走就对了！

肠道焕新饮食计划

当进行厨房焕新时，我们要清空橱柜里的方便食品以及那些带甜味和咸味的小零食等加工类食品。现在，是时候用那些高膳食纤维、含益生菌、更有营养、低糖低盐、更有自然风味的食品来代替它们了。我在下面列出的食品都是优化肠道菌群的最佳选择。这些食品不仅在每个超市都很容易找到，而且还都是加工类食品的美味替代品。例如，将普通面食换成全麦面食或者鹰嘴豆面食，或者将大米换成糙米，这都非常容易操作。我们可能需要稍微调整一下烹饪时间，但是除此之外，我们使用这些替代品的方式和原来完全相同，不同的是，我们获得了更多的膳食纤维和益处。

富含膳食纤维的食物

我在第 4 章中已经讲过，多吃膳食纤维食物很可能是我们能为肠道所做的最有益的事情。植物性食物富含可溶性膳食纤维和不溶性膳食纤维。我们每天至少要吃 5 份不同的水果和蔬菜组合，以及其他富含膳食纤维的食物，如全麦、豆类、坚果。真的，我鼓励大家每天吃的膳食纤维组合超过 5 份，目标是每天 7 份或 8 份（但是请记住，一定要逐渐增加每日膳食纤维分量）。我们的肠道菌群会通过让我们的消化过程顺利进行来回报我们。

并且，请记住，我们说的一份膳食纤维的量是半杯的量，或者说大约 2.5 盎司，这大约就是我们的手掌可以握住的量。有个例外就是生吃的绿叶蔬菜，如生菜。对于这类蔬菜，一份的量是指一整杯，或者说大约就是我们拳头的大小。所以，一份的量只有两瓣煮熟的西蓝花，或者一根中等大小的胡萝卜，或者半个苹果。另一种计量方式就是每天一杯水果和半杯蔬菜。看一下我们的量杯，我们会发现，总的来说我们吃的分量实际上并不是很多。我们可以很轻松地增加额外的膳食纤维量，尤其是当我们使用膳食纤维来代替对我们没什么好处的食物的时候。

下面是天然食物汇总清单，每一种食物都含有丰富的膳食纤维，其实几乎所有的水果和蔬菜都含有膳食纤维，含有膳食纤维总比不含膳食纤维要好。

水果

苹果	新鲜椰子	梨
香蕉	杧果	树莓
黑莓	橙子	草莓
蓝莓	百香果	

谷类、坚果等

杏仁	奇亚籽	藜麦
大麦	燕麦	葵花子
糙米	开心果	核桃
荞麦	南瓜子	

蔬菜

洋蓟	抱子甘蓝	南瓜
牛油果	胡萝卜	红薯

甜菜	菜花	西蓝花

豆类

鹰嘴豆	扁豆	豌豆
芸豆		

像专业人士一样吃饭

为了使我们的肠道菌群保持平衡和健康，我们应该每天吃一到两种含有益生菌或者益生元的食物。益生菌食物可以为我们提供额外的益生菌，而益生元食物能够促进益生菌生长。

益生菌食物

以牛奶为基础的益生菌食物，包括含有活性菌的酸奶（要确保标签上有明确说明）和开菲尔。我们可以把厨房里的酸奶油、多脂奶油和牛奶换成原味酸奶（酸奶也是蛋黄酱和鸡蛋的绝佳替代品）。

含有益生菌的奶酪有白干酪、马苏里拉奶酪、切达干酪、埃德姆干酪、高达干酪、格鲁耶尔干酪、帕尔玛干酪、菠萝伏洛干酪和瑞士干酪。酸奶油是由发酵的奶油制成的，但是酸奶油会经过巴氏杀菌来杀死里面的细菌。有些品牌会在杀菌之后添加活性菌，但是，我们需要查看产品标签，看购买的是不是这类产品。

含有益生菌的发酵植物性食物，包括酸菜、泡菜、味噌、豆豉和纳豆等。康普茶，又名红茶菌，是一种非常温和的含酒精饮料，由发酵的红茶或绿茶制成，据说含有益生菌。但是许多商业产品并不含有大量的活性益生菌，并且，也几乎没有证据支持这种饮料所做的健康宣传。

益生元食物

从益生元食物清单可以看出，我们在这里有很多种选择，所以每天选择至少一种益生元食物非常简单。我喜欢将一把杏仁和一把葡萄干混在一起，这样一次就可以吃到两种含益生元的食物。

益生元食物清单

巴西莓	豆类，尤其是白豆、鹰嘴豆和扁豆	菊芋
大葱（蒜和洋葱类）	大麦	蘑菇
杏仁	蜂蜜	燕麦
苹果	菊苣	葡萄干
洋蓟	蒲公英叶子	海带
芦笋	亚麻籽	丝兰（木薯）
香蕉	绿芭蕉	

还有一些食物，尽管不含膳食纤维，但是因为含有很多天然的糖和多酚，所以仍含有很多有益的益生元成分。这些食物清单中，排在首位的就是红酒，其他还包括蜂蜜、枫糖浆和黑巧克力。

植物营养素

我们在第 3 章中已经讲过，植物营养素有很广泛的含义，是指在植物性食物中发现的许多天然化学物质。植物中含有许许多多的植物营养素，这些植物营养素作为强大的抗氧化剂，不仅能够保护我们的细胞免受伤害，还能帮助细胞修复已经出现的损伤，是非常重要的抗衰老营养素。食用富含植物营养素的食物很可能是我能给出的最好的抗衰老的饮食建议。很简单，就是吃五颜六色的食物。植物的颜色越鲜艳，或者越深绿，或者越有刺激性气味（想一想大蒜），这种植物所含的植物营养素可能越多。下面的食物清单可以作为参考。

红色、橘色、黄色的水果和蔬菜

苹果	甜菜	浆果
胡萝卜	柑橘类水果	杧果
柠檬	桃子	辣椒
南瓜	红薯	西红柿

深绿色绿叶蔬菜

芝麻菜	菊苣	甘蓝
油麦菜	菠菜	瑞士甜菜

葱类（洋葱家族）

香葱	大蒜	韭菜
洋葱	大葱	

全谷物

大麦	糙米	荞麦
燕麦	藜麦	菰米
全麦面包	全麦面粉	

坚果

杏仁　　亚麻籽　　葵花子

核桃

豆类及其制品

所有豆类　　豆制品（适量）

饮料

绿茶　　红茶　　花草茶

咖啡

健康脂肪

在我们清理橱柜的时候，要清理掉那些深度加工过的植物油，如玉米油和菜籽油。是的，这些油价格便宜并且很适合油炸，但是这些油都经过过度加工，大部分营养物质和味道都流失了。选择更好的植物油作为每日的膳食脂肪，如橄榄油、胡桃油和牛油果油。在我们选择这类产品时，选择最少加工的产品。特级初榨冷榨橄榄油随处可见。我们可能不得不在健康食品货架上看看其他类型的冷榨或者未精炼的油，如葡萄籽油、花生油、芝麻油、葵花子油。

我建议大家不要使用椰子油作为烹饪油。尽管椰子油被吹捧对我们的肠道菌群有益，但是证据并不充足，并且，虽然说椰子油是植物油，但它富含饱和脂肪酸，对我们的健康不利。椰子油会使我们体内的坏胆固醇增多。我们可以偶尔吃点儿椰子油，来感受那微妙的东南亚风味。如果我们是素食主义者，那么椰子油可以作为黄油很好的替代品，但是，我建议尽量少用。三文鱼、金枪鱼、马鲛鱼、鲱鱼、沙丁鱼和凤尾鱼都是富含 ω-3 脂肪酸的深海鱼。鱼子酱和牡蛎中 ω-3 脂肪酸的含量也很高。富含 ω-3 脂肪酸的植物性食物包括核桃、亚麻籽、奇亚籽、大麻子、南瓜子、毛豆（未成熟的大豆）、豆腐（由大豆制作而成）和芸豆等。南瓜类如小青南瓜、梨形南瓜和其他硬皮种类的南瓜也都含有丰富的不饱和脂肪酸。

舒缓的香料

香料（如薄荷和姜黄）中含有很多种不同的植物营养素，这不仅让它们有强烈的气味，还使它们有助于缓解恶心、胃灼热和腹部绞痛。在传统草药中，大茴香、生姜、小茴香、甘菊、薰衣草、香蜂草、肉桂、姜黄、孜然、豆蔻、香叶和圣罗勒（罗勒）都被推荐为可以缓解轻度消化不良的药物，也可以用来制作睡前的放松饮品。我们可以选择其中任何一种制成热茶或泡饮。这是一个可以探索的有趣领域，我们也可以在其中加少量蜂蜜，这样口感会更好。

肠道焕新健身计划

我的健身计划非常灵活，因为我并不是总有时间，或者说我不愿意长途跋涉去健身房。我更喜欢在我方便的时间和地点挤出时间来锻炼。这很管用，因为在一天之中，我通常可以挤出至少三次（有时会更多）的锻炼时间，每次 10 ～ 20 分钟。这样加起来，我每天就会有至少 30 分钟的锻炼时间，并且能坚持做到每天锻炼，将锻炼作为长期的目标。

根据我一天的工作情况，我会将我的锻炼时间安排在健身房或者家中。如果我的时间足够充足，我愿意去健身房锻炼至少 30 分钟。如果我在家里锻炼，我会将我在本书后面列出的部分锻炼融入我的日常活动之中。有时，我会改变这些计划，并会尝试新的锻炼方法，这会使锻炼变得更加有趣，也更能让我保持锻炼的动力。坚持做几种单一的锻炼也是有效果的，但是如果没有一些乐趣、一些变化和一些新的挑战，我们会发现太容易懈怠了。我们在网上可以找到很多很好的锻炼视频。

即使我们是健身小白，本书后面的锻炼计划也可以成为日常锻炼很好的起点。我知道在工作日锻炼有困难，所以在我提供的锻炼方法中，有一些锻炼可以让我们无须换上运动服就可以在办公桌前巧妙地进行（尽管有时候我们会想脱掉自己的高跟鞋）。最重要的是，我们要利用这短暂的休息时间做一些运动。例如，我喜欢在等待微波炉加热午餐的时间，做一些贴墙运动。在有氧运动方面，骑行、骑动感单车、瑜伽、游泳以及类似的运动都对我们的心脏和肌肉锻炼有好处。并且，每天都要进行一些专门的负重锻炼。这些锻炼，可以使我们的身体对抗重力，这对于保持骨骼强健非常重要。散步、跑步、爬楼梯和跳舞也都是不错的锻炼方式。

负重锻炼和对抗练习对于强壮骨骼及强壮肌肉非常关键。如果我们有足够的空间，最好准备一副哑铃和一对踝部负重袋。如果没有，那么我建议准备一条阻力带作为替代品。这些橡胶的弹力带根据身体的重量会配有不同的型号。阻力带不贵，轻便而且不用占很多空间，所以它们不仅适合我们在家里锻炼，还适合在办公室或者旅行时锻炼。阻力带的另一个优点是，可以在整个锻炼过程中保持肌肉的张力，这对于锻炼肌肉非常有好处。

作为一名医生，我必须补充一点，如果我们有任何类型的慢性健康问题，如背部或者关节疼痛、心脏病，我们在实施任何锻炼计划之前必须咨询医生。

补充水分

为了保证我在锻炼过程中，体内有足够的水分，我会在锻炼前半小时喝大约 250 毫升的水。同时，我会在锻炼进行到大约一半的时候暂停一下，喝掉大约 250 毫升的水。为什么在运动中补充水分这么重要呢？因为我们需要水分来调节体温并润滑关节。我们的肌肉中大约 75% 都是水分，如果没有足够的水分，它们就不能很好地工作。在锻炼时，我们会因为流汗和深呼吸而失去水分。如果我们在开始时没有补充水分，也没有在锻炼过程中补充流失的水分，那么可能会出现肌肉痉挛，很快就会出现疲倦、过热或者头晕等症状。这样我们的锻炼肯定不会有效果，或者不会让我们感到很有乐趣。

喝白开水就是我们在锻炼前和锻炼过程中很好的补水方式，除非我们的锻炼强度特别大，出了很多的汗，或者在非常炎热的天气里锻炼。我们很可能不需要运动饮料，也很可能不需要这些饮料中所含有的化学添加剂。

锻炼结束后，我们要多喝水，然后，在锻炼结束后一小时内，可以吃一些大约含 20 克蛋白质的零食或者奶昔。研究表明，蛋白质对于强壮肌肉、消除肌肉疲劳和缓解肌肉酸疼尤为重要。随身带些高蛋白零食是非常方便的选择。其他比较方便的选择还有黄油坚果、煮鸡蛋、巧克力牛奶、活性菌酸奶、白软干酪和金枪鱼。但是，如果时间宽裕，我喜欢用原味乳清蛋白给自己做一杯蛋白奶昔。蛋白奶昔不仅能够补充水分，而且味道很好（没有粗砂质感和化学添加剂的味道），还能让我精力充沛，这是对锻炼身体的一种健康的奖励。我最喜欢的一款基础高蛋白奶昔配方列在本书后面的食谱部分。

肠道焕新心灵计划

我们在第 7 章中已经讲过，无论是长期压力还是短期压力，都会造成消化系统紊乱。我不能保证我们讲到的压力处理方法能够神奇地解决消化问题，但是我可以自信地说，这种压力处理方法对于解决消化问题很有帮助，并且帮助很大，同时，还有助于我们处理与压力相关的问题，如头疼和后背肌肉紧张，并且能够降低我们患许多与慢性压力相关疾病的风险。

每天进行一些减压锻炼会让我们的心态更好，也能让我们更有韧性地面对和处理生活带给我们的压力。但是，如何缓解压力因人而异。有些人发现坐禅冥想很有帮助，而有些人则更喜欢编织。和锻炼一样，关键不是我们做了什么，而是我们能够有规律地去做，最好每天都做。下面列出的是一些我喜欢的对抗和管理压力的方法。

- 通过一些应用程序来减压。现在有很多应用程序，这些程序可以通过各种各样的技术手段来帮助我们缓解压力，包括正念、冥想和呼吸练习。
- 尝试每天写感恩日记。每天早上我们醒来的时候，说出三件要感恩的事情。要感恩的事情可大可小。写感恩日记也是一个很好的减压方法，记下这些感恩的事情的好处是，我们可以在心情低落的时候翻开看看。
- 每天进行自我肯定。当早晨在洗手间照镜子的时候，我们对自己说一些友善的话。不要让消极的自我对话主导我们的思想，要经常赞美自己。
- 锻炼我们的大脑。保持思维活跃的人，出现与年龄相关的认知能力下降的风险会降低，所以如果我们想在年老的时候仍然保持思维敏捷，现在就要开始行动了。阅读是一种理想的锻炼大脑的方式。锻炼大脑的其他方式还包括做填字游戏、学习一门新语言、追求一种我们感兴趣的事物（如当地历史）、演奏一种乐器（学习永远不晚），或者学习一门手艺。

- 做一个善于交际的人。孤独对身心的负面影响是显而易见的，所以即使我们很喜欢独处，进行合理的社交也是至关重要的。像参加图书馆的读书会或者社区的陶艺和跳舞课程都是我们维持社交关系和保持创造力的好方法。

肠道焕新睡眠计划

我们是否已经完成对卧室的焕新了呢？如果答案是肯定的，我们现在很可能已经拥有了一个舒适的新床垫、一个舒适的新枕头、一个很好的遮光窗帘、一台白噪声设备，以及一台可以使室内变得凉爽的风扇或者空调。我们正在为获得更好的睡眠质量而努力！

在第 8 章中，我们详细解释了为什么好的睡眠对我们的肠道健康和整体健康至关重要。同时，在第 8 章中我们还给出了很多实用的、可操作性强的睡眠卫生小贴士。我强烈建议大家将这些睡眠卫生小贴士付诸行动，这样我们每天晚上都可以拥有高质量的睡眠。如果我们的睡眠不规律或者睡眠不足，我们的肠道菌群就会受到严重破坏。

良好的睡眠计划

坚持按照睡眠时间表执行。要想既能改善消化系统功能，又能提升精力，我建议大家坚持按照睡眠时间表执行，这会让我们的睡眠时间延长和睡眠质量得到改善。也就是说，我们要在每天差不多相同的时间睡觉和起床，周末也不例外。

数字排毒。为了让我们做好睡觉准备，我建议在晚上做一个例行的放松程序，包括至少在临睡前一小时关闭电子设备的屏幕。很多时候，我们熬夜做的事情会让我们的大脑飞速运转，这样当我们最终决定睡觉的时候，思绪却无法停止。

睡前仪式。我们与其不停地刷手机，不如做以下事情：读一本书，泡个舒服的热水澡或者淋浴，泡一杯温热的、可以让我们放松的花草茶，冥想或者写日记，任何能够让我们放松和让头脑平静的事情都可以，这样我们就能够在关灯后很快进入梦乡。

肠道焕新美容养生法

在第 5 章中，我讲到了肠道和皮肤之间的密切关系。所以，如果我们的肠道有炎症，那么我们可以通过皮肤上的痤疮看出来。但是另一方面，对肠道有益的东西对皮肤也有好处。这也是多吃水果和蔬菜的另一个很好的理由。水果和蔬菜富含抗氧化剂，可以保护皮肤免受阳光的伤害，能够有效地预防皱纹、黑斑和其他老化迹象的产生。健康的饮食同时还会促进皮肤中胶原蛋白和弹性蛋白的产生，延缓皱纹和皮肤松弛现象的发生。

皮肤护理指南

防止紫外线的伤害。保护我们的皮肤免受阳光中紫外线的伤害非常关键。我喜欢戴宽边遮阳帽，平时我们至少要做到使用好的防晒霜并且随时使用，不管是雨天还是晴天，也不论是冬天还是夏天。

滋养皮肤。防晒霜也做不到完美防晒，除非我们是个彻底的夜猫子，因为有时我们必须到户外晒太阳。可能在我们的身体产生的抗氧化剂阻止紫外线之前，紫外线已经对皮肤造成了伤害。这就是为什么说水果和蔬菜如此重要。对健康皮肤最有效的植物性超级食物就是我们能找到的最多彩的食物，如蓝莓、胡萝卜、西红柿、红薯和所有的深色蔬菜。像益生菌食物对我们的皮肤有好处一样，小麦胚芽（最好的维生素 E 的来源）和鱼油（ω-3 脂肪酸能提供天然的保湿成分）也对我们的皮肤有好处。在本书的最后，我列出了一些简单的、对皮肤有益的食谱，但是说真的，我所列出的所有食谱都有助于保持皮肤健康。

正确使用含有抗氧化物的产品。我们可以通过许多方式来使用这些抗氧化的超级食物，以及益生元和益生菌提取物，通过血清和其他含有它们的产品直接作用于皮肤。其他我们可以纳入日常皮肤保湿和防皱护理的关键营养成分有玻尿酸、胶原蛋白和神经酰胺。

温和排毒。空气污染是造成皮肤损伤的另一个原因，这就是为什么我们要寻找具有抗污染功效的护肤产品，也是为什么要对皮肤进行彻底清洁和去除角质。每周使用 1 ～ 2 次温和的去角质产品，这样我们可以去除积聚在脸上的死皮，从而告别皮肤暗淡无光。去除角质后，精华液可以被皮肤更好地吸收。更关键的是任何护肤产品都要温和。任何洗面奶或者磨砂膏都不应该让我们的皮肤感到紧绷、干燥，或者受到刺激。我们要选择不会破坏皮肤自然保湿或者菌群平衡的产品，这样皮肤才会柔嫩。

了解压力显示。当我们感到有压力时，身体释放的激素会引起皮肤长痘痘，所以请坚持每天进行正念练习，这会让我们的肤色均匀，没有斑点。

睡个美容觉。睡个好觉不仅是去除黑眼圈最好的方式，同时还能有效地改善皮肤暗沉。所以，请确保卧室已经完全焕新，并额外使用可滋养皮肤和能够保湿的晚霜，这样，第二天早晨我们醒来，就会感到精神焕发，神采奕奕。

GUT RENOVATION

第12章

肠道焕新

总计划

我们已经拥有足够多的工具来改善肠道，继而改善我们的健康状况及生活，现在，没有什么比去行动更重要了！如此，我们就有可能让自己的身体成为最棒的。接下来的内容将会带给你关于日常锻炼的详细计划和许多美味的食谱。享受它们并快乐地让我们的肠道焕新吧！

肠道焕新锻炼周

说到锻炼，我更喜欢混合锻炼方式，它让我的锻炼过程变得有趣且令人愉快，而且每次可以锻炼不同的肌肉。例如，有几天做腿部锻炼，另外几天则更注重锻炼核心肌群[①]或上半身肌肉。这样，对一周的课程进行平均分配，全身都可以得到锻炼。

我知道对我来说，制订一个为期一周的健身计划是很有帮助的，所以在这里我列出的健身计划提纲只是一个提示。我们要把这个健身提纲当成一个

① 核心肌群：位于腹部前后，环绕着身躯，负责保护脊椎稳定的重要肌肉群。核心肌群主要是由腹直肌、腹斜肌、下背肌和竖脊肌等组成的肌肉群。——译者注

框架，制订属于自己的 7 天健身计划。如果我们发现自己实在不喜欢某项运动，或者做这项运动对自己来说不舒服或者过于困难，那么将它从我们的运动清单上划掉，但是记得要找另一项运动来代替它。不要忘记，从散步到园艺，我们有大量的户外活动可以作为锻炼。我们所要做的只是选择一项适合自己的运动，并从这项运动开始。

如果我们刚刚开始锻炼，或者休息了很长一段时间后才恢复锻炼，那么请从适度的锻炼开始。挑战自己，但不要过度，要逐步锻炼自己的力量、灵活度和耐力。具体锻炼计划如下：

星期一

30 分钟跑步。

12 分钟锻炼核心肌群的自由体操。核心肌群能够维持身体稳定。下列每项运动先练习 45 秒，然后休息 15 秒，再练习 45 秒。

俄罗斯转体。坐在运动垫子上，双腿弯曲，双脚放平。上半身稍向后倾，使脊柱与地面成 45 度角，上半身与大腿呈 V 字形。双手握于胸前，并且双脚离地（约几英寸高）。运用腹部肌肉力量，将身体转向右侧，然后转回起始位置；接着转向左侧，再回到起始位置。重复以上动作。可以手握哑铃，增加训练难度。

经典卷腹动作。后背平躺在垫子上，双腿弯曲，双脚放平，与臀部同宽。双臂交叉于胸前，用力收缩腹肌。呼气时，保持头部和颈部放松，抬起上半身（不要依靠头部和颈部力量）。吸气时放松，回到起始位置。

空中单车（自行车卷腹）。后背平躺在垫子上，双腿弯曲，双脚放平，与臀部同宽。将手臂放在头后，手肘向外。开始时，吸气并绷紧腹部。将膝盖抬高至90度并抬起上半身。呼气并转体，用右肘去碰左膝，同时伸直右腿。坚持5秒钟，然后吸气并返回起始位置。另一侧重复相同动作：用左肘去碰右膝，同时伸直左腿。坚持一会儿后回到起始位置。注意：下背部要一直紧贴地板，并且肩部不能弓起。依靠核心肌群转体，而不是转动脖子。

反向卷腹。后背平躺在垫子上，双腿弯曲，双脚放平，与臀部同宽。双臂放在身体两侧，掌心向下。呼气并收紧核心肌群，将双脚慢慢抬起，同时抬起大腿直至腿部与地面垂直（或者我们抬至能够做到的接近垂直的状态）。后背上半部紧贴垫子，尽可能地将膝盖卷向自己的头部，并将后背下半部和臀部抬起。坚持5秒钟后，慢慢回复到起始动作。

平板支撑。四肢着地，手腕与肩平齐。两脚交替后移，直到腿部伸直，脚趾撑地。双手撑地，将身体撑起，使肩膀与脚后跟成一条直线，就像我们做俯卧撑时上起的姿势一样。眼睛向下看，保持脊柱挺直，不要驼背和弓肩。保持这个姿势，尽可能坚持，然后放下。

登山运动。从平板支撑姿势开始。尽可能将一条腿向胸部拉伸，然后在呼气时将其伸直。换另一条腿重复该动作。一旦我们掌握了这项运动的窍门，就用最快的速度去做。要确保我们的臀部稳定，并且肩膀的稳定性要超过手腕。

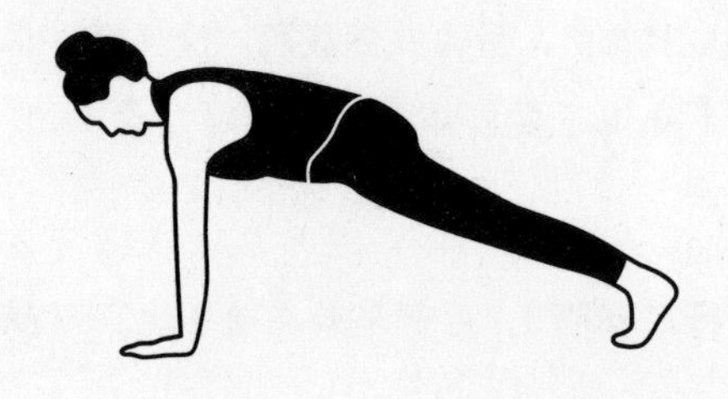

星期二

30 分钟有氧舞蹈。肚皮舞、嘻哈舞和宝莱坞印度健身舞都是我的最爱。

12 分钟负重（强壮骨骼）练习。做这些运动时，我们需要一把带靠背的椅子。每个动作做 10 次（1 组），休息 1 分钟，然后重复该动作。注意：这些练习尤其适合办公室的短时间运动。

坐 – 起练习。站在椅子前，弯曲膝盖，慢慢放低身体坐在椅子上，再慢慢站起来。

前弓步练习。双脚分开站立，与肩同宽。向前迈出一只脚站稳。慢慢放低身体，将重心转移到前面这只脚上，然后回到起始位置。

单腿站立。双脚分开站立，与肩同宽。一只膝盖微微弯曲，并缓慢抬高，至离地 3 ～ 6 英寸的高度。坚持 10 秒钟，然后回到起始位置。

深蹲。双脚分开站立，略比肩宽。臀部向后向下移动，同时屈膝。下蹲至一个舒服的姿势，注意膝盖不能超过脚尖。脚后跟用力，回到起始位置。

星期三

30 分钟游泳或跑步。

10 分钟瑜伽拉伸运动。每个姿势坚持 45 秒，然后休息 15 秒。重复练习一次。最好向专业的老师学习瑜伽。建议可以上一些基础的瑜伽课程或者观看网上的瑜伽教学视频。瑜伽姿势有成百上千种，下面这些都是基本体式，可作为我们的起点练习选项。

瑜伽山式；
瑜伽站立前屈式；
瑜伽下犬式；
瑜伽树式；
瑜伽向上致敬式；
瑜伽三角式；
瑜伽战士系列；
瑜伽侧角伸展式；
瑜伽扭转三角式；
瑜伽蝗虫式。

星期四

30 分钟高强度间隔训练。

10 分钟平衡性练习。每项运动练习 1 分钟，休息 15 秒，如此重复。注意：这些运动非常适合在办公室进行短时间练习。

原地踏步。双脚站稳，与臀同宽。抬起一只脚直至大腿与地面平行。保持这一姿势停留一会儿，然后慢慢将脚放下。左右腿交替进行。

走直线练习。站直，双臂在两侧伸直。一只脚的脚尖紧挨着另一只脚的脚后跟走直线，每次抬起一只脚后都停顿 2 秒钟。

伸展肱四头肌。双脚站稳，与臀同宽。右腿保持平衡，左手从后方抓住左脚踝，并将脚向上拉去触碰臀部。坚持 1 分钟，然后换另一条腿。如果无法够到臀部，请在保持身体平衡的情况下，尽量将腿抬高。

头部运动。双脚站稳，与臀同宽。慢慢朝顺时针方向转头 15 秒，然后朝逆时针方向转头 15 秒，最后上下点头 30 秒。

星期五

30 分钟骑行（实际骑行或原地骑行）。

10 分钟核心锻炼。每个动作练习 45 秒，休息 15 秒，重复多次。一旦我们找到了技巧，这些锻炼并不困难，所以不要长时间做这项锻炼。相反，我们可以使用阻力带，让锻炼更具挑战性。

脚跟触地练习。后背平躺，双手置于臀下。膝盖弯曲，将双脚抬至桌面高度。双脚放松，慢慢放下，直至脚后跟碰触地面。收紧腹部，重新将双脚抬至桌面高度。

剪式踢腿练习。后背平躺，头和肩膀抬离地面。抬起右腿，使之与身体呈 45 度角，然后慢慢放下。换腿重复。每次抬腿坚持 45 秒。

直腿抬高练习。后背平躺。吸气并绷紧腹部，抬起双腿（保持双腿笔直），直至与上半身垂直（或者尽可能与上半身垂直），然后呼气，并慢慢将双腿放到离地几英寸的高度（或者尽可能将双腿放到使下背部不会离开地面的高度）。

卷起[①]**。**后背平躺，双臂和双腿伸直。吸气，同时将双臂举过头顶，慢慢开始抬起上半身。继续向前卷起，用手去触碰脚尖（或者尽可能去触碰脚尖）。然后呼气，慢慢回到起始位置，要能够感受到后背的脊柱一节一节地慢慢躺回到垫子上。

高抬腿。双脚站稳，与臀同宽，然后开始原地跑，将每条腿的膝盖都尽可能向前抬高。在抬腿时，摆动与抬腿相反的手臂来提供动力。

---

① 卷起（roll up）：经典的普拉提垫上动作。——译者注

星期六

30 分钟快走。

10 分钟手臂练习。15 次作为 1 组，分组练习，使用 5 磅的负重器材、哑铃或阻力带。每组练习后休息 30 秒，重复多次。随着力量加强，可以使用更沉一些的负重器材练习，不需要增加次数。吸气时举起，呼气时放下。

双臂哑铃屈伸。双腿站直，与肩同宽，手持哑铃与地面平行，臂肘紧贴身体两侧。数到 3，通过前臂抬起哑铃与肩齐平，并转动手腕，使手掌朝向肩膀。憋气，默数到 3，返回起始位置。

过头推举。双腿站直，与肩同宽，将哑铃举到双肩位置，掌心向前。数到 3，将胳膊垂直举过头顶。停下来呼吸一次，然后数到 3，回到起始位置。

提举练习。双腿站直，与肩同宽，手持哑铃在大腿前方，掌心向内。数到 3，提起哑铃至下巴下方。停下来呼吸一次，然后数到 3，回到起始位置。

颈后臂屈伸。双腿站直，与肩同宽，双手握住哑铃。举起双臂直至举过头顶，使双臂紧贴耳朵且肘关节向前。数到 3，将前臂向头后方弯曲，直到肘关节与身体呈 90 度角。停下来呼吸一次，然后数到 3，举起双臂，回到起始位置。

侧平举（侧举）。双腿站直，与肩同宽，双臂在身体两侧，双手各握一个哑铃，掌心向内。数到 3，将双臂从侧方伸直举起，使双臂与地面平行。停下来呼吸一次，然后数到 3，回到起始位置。

星期天

休息一天，这是我们应得的！

肠道焕新食谱

我身兼多职——妈妈、医生和创业者，因此我没有太多的时间花在厨房里。虽然我有一份相当不错的简历，但是很显然，我并不是烹饪高手。下面所有的食谱都符合我的基本标准：味道不错，对肠胃有好处，便于制作，不需要很多昂贵的或难找的食材，我的孩子们（通常情况下）对饭菜赞赏有加。

早餐是我们开始补充一天膳食纤维和益生元的好时机。冲一碗燕麦片、全谷物麦片或者麸谷类麦片，加上牛奶或酸奶，再来点儿浆果或者其他水果，一份简单、快捷的早餐就完成了。要选择标明是 100% 全谷物的产品，每份至少含有 5 克膳食纤维，糖分零添加。我们可以试试低糖的格兰诺拉麦片，换个口味。一定要注意食品标签，成分表的第一项应该是全谷物。

早餐 1：益生菌冷甜点

这是我平时工作日的快速早餐，主要原料是酸奶和格兰诺拉麦片，除此之外，再添加一些益生元，任何益生元都可以。我喜欢放一把烤杏仁。

原材料（1 人份）

1/2 杯低糖格兰诺拉麦片

1 杯原味脱脂希腊酸奶

1 汤匙亚麻籽

1 汤匙奇亚籽

1/2 杯浆果（可以是任意种类的浆果，也可以是混合浆果）

准备工作

将格兰诺拉麦片放入麦片碗中，加入酸奶，上面放上亚麻籽、奇亚籽和浆果。

早餐 2：牛油果吐司

在吐司上放几片蔬菜、一个煎鸡蛋或煮鸡蛋、一些沙拉或者菲达奶酪，这便是一份丰盛的早餐或者午餐。

原材料（1 人份）

1 个成熟的牛油果（取出果肉）

1/4 茶匙柠檬汁

1/4 茶匙盐

1/4 茶匙黑胡椒

2 片全麦面包

1 茶匙特级初榨橄榄油

1 小撮孜然

准备工作

（1）将牛油果肉放在一个小碗里，加入柠檬汁、盐和黑胡椒，用叉子粗略地捣一下。

（2）将面包加热一下，把牛油果肉涂抹在面包上，淋上橄榄油，撒上孜然。

早餐 3：隔夜燕麦

隔夜燕麦是我知道的最快捷、简单、健康的早餐。在燕麦上加上任何我们喜欢的食物，可以只添加一种食物，也可以添加几种食物。浆果、香蕉、苹果或桃子、葡萄干、坚果或者切碎的椰肉都可以。如果爱吃甜的，可以添加一些枫糖或者蜂蜜。我个人最喜欢的是在上面加一勺杏仁奶油、一些香蕉片，再撒上一些可可粉。如果需要为全家人准备早餐，我们可以将食谱的分量翻倍，但是，为了获得最佳的风味和口感，最好在第二天早晨或者第三天再吃。

原材料（1 人份）

1/2 杯牛奶、坚果牛奶或燕麦牛奶

1/2 杯原味脱脂希腊酸奶

1 茶匙奇亚籽

1/2 杯老式燕麦片（不要使用速食或即溶燕麦片）

准备工作

（1）将所有原材料放入梅森瓶[①]或者其他密封容器中，搅拌均匀，盖好盖子，放入冰箱冷藏至少 5 小时，最好冷藏 1 个晚上。

（2）如果有需要，可以额外再加一些牛奶或者酸奶，或者添加任何我们喜欢的食物。

---

① 梅森瓶（mason jar）：一种可以用来储存食物的密封容器。——译者注

早餐 4：荞麦煎饼

这种富含膳食纤维、味道怪怪的荞麦煎饼会让我们重新考虑是否真的要执行经常吃煎饼的计划。如果我们喜欢吃煎饼，但又对麸质不耐受，那么这款荞麦煎饼非常合适（重要提示：在摊荞麦煎饼之前，要先把煎饼锅加热）。这个食谱简单方便，易于操作，所以我建议大家在准备面糊的时候就将锅加热。

原材料（6 人份）

1/2 杯荞麦粉

1/2 茶匙泡打粉

1/8 茶匙盐

1/2 杯牛奶（或无糖代乳制品）

3 汤匙枫糖浆

准备工作

（1）将荞麦粉、泡打粉和盐倒入一个中等大小的碗中，加入牛奶和枫糖浆，搅拌均匀。
（2）如果使用普通的煎饼锅，在锅底刷上少量的食用油（葡萄籽油就可以）。然后在锅中倒入一大勺面糊，加热 2 ～ 4 分钟，直到整个表面都有很多干泡泡。翻面，将另一面也加热 2 ～ 4 分钟。

这些方便又简单的午餐不仅非常适合在周末享用，也是快餐和熟食肉类很好的替代品。

午餐 1：蔬菜鸡蛋饼

蔬菜鸡蛋饼趁热吃口感最好，当然也可以常温食用。这种午餐可以提前准备，因此是午餐的理想选择。这份食谱只给了我们一个示范，我们可以选用任何自己喜欢的蔬菜。

原材料（4 人份）

10 个鸡蛋

1/2 杯原味牛奶

1/2 茶匙盐

2 汤匙特级初榨橄榄油

1/2 个红洋葱（切成薄片）

4 盎司白色或棕色蘑菇（切成薄片）

1/4 茶匙黑胡椒

1 个中等大小的红甜椒（去籽，切成薄片）

4 根芦笋（切成 1/2 英寸的小段）

4 盎司菲达奶酪

准备工作

（1）将烤箱预热至 180℃左右。

（2）将鸡蛋、牛奶、盐和黑胡椒搅拌在一起。

（3）平底锅中倒入橄榄油，加入红洋葱和蘑菇翻炒，约 4 分钟炒至蘑菇变色，加入红甜椒和芦笋，再翻炒 4 分钟左右。

（4）将蛋液混合物倒至锅中加热，无须搅拌，直到蛋液边缘凝固。

（5）蛋饼上撒上菲达奶酪，然后将平底锅放入烤箱继续加热，20 分钟后取出，凉 5 分钟即可食用。

午餐 2：金枪鱼沙拉

可以选用任何当季的绿色蔬菜来增加额外的膳食纤维和风味。搭配全谷物面包或者全麦面包食用。

原材料（4 人份）

2 份 5 盎司一罐的水浸金枪鱼（沥干水分）
1 根芹菜（切丁）
1/3 杯原味脱脂希腊酸奶
2 汤匙柠檬汁
1 汤匙第戎芥末或黄芥末
2 勺切成丁的红洋葱
1 杯青菜（如芝麻菜或萝卜苗）
1/4 茶匙盐
1/4 茶匙黑胡椒
2 汤匙香菜碎

准备工作

准备一个中等大小的碗，将酸奶、柠檬汁、芥末、盐、黑胡椒和香菜碎混合。加入金枪鱼、芹菜丁、红洋葱丁和青菜，轻轻搅拌均匀。

午餐 3：波托贝洛三明治

将肉肉的波托贝洛蘑菇放在三明治里非常好吃，波托贝洛蘑菇是很好的午餐肉替代品。用全麦面包做一个波托贝洛三明治或者面包卷，刷上橄榄油。再配一点德国泡菜或者小咸菜来增加益生菌。

原材料（4 人份）

4 个大的波托贝洛蘑菇头
1 茶匙干百里香

4 片牛油果
1 汤匙特级初榨橄榄油
1 茶匙盐
1/2 茶匙蒜末
1 个大西红柿（切成厚片）
8 片全麦面包

准备工作

（1）将一半的橄榄油刷在蘑菇头上，撒上盐、百里香和蒜末。
（2）将剩余的橄榄油倒入煎锅，中火加热。将蘑菇头放入煎锅，圆头朝下，煎制 5 分钟。
（3）将蘑菇头、西红柿片和牛油果片放入面包，制成三明治。

午餐 4：西瓜、菠菜、西红柿沙拉

这是一款夏日爽口沙拉。西瓜、菠菜和西红柿都含有丰富的番茄红素，而番茄红素是一种天然的抗氧化剂，能够保护我们的皮肤，避免被晒伤。

原材料（4 人份）

3 汤匙特级初榨橄榄油
2 杯西瓜块
4 杯新鲜菠菜叶
1 杯切成薄片的红洋葱
1 汤匙苹果醋
1/2 茶匙粗粒盐
1 杯樱桃西红柿（对半切开）

准备工作

（1）将橄榄油、苹果醋和盐倒入一个小碗中，搅拌均匀。

（2）将菠菜叶、红洋葱和西红柿放到沙拉碗中，加入油醋汁并搅拌均匀。上菜前放入西瓜块，并轻轻搅拌。

午餐 5：藜麦沙拉配洋蓟、白豆和开心果

开心果为这款沙拉增加了松脆感。藜麦中的膳食纤维含量是大多数谷物的两倍。

原材料（4 人份）

1 杯藜麦

1 份 15 盎司一罐的白豆或者海军豆[①]

1/2 杯腌洋蓟菜心（切碎）

3 汤匙特级初榨橄榄油

1 汤匙青柠汁

1 瓣大蒜（切成蒜末）

1 杯小西红柿（对半切开）

1/4 杯红洋葱（切碎）

1/2 杯开心果

1/4 茶匙孜然

1/4 茶匙辣椒粉

1 茶匙盐

① 海军豆（navy beans）：卵圆形或椭圆形菜豆，粒长 0.8 厘米以下，主要用来制作罐头。——译者注

准备工作

（1）在煎锅中倒入两杯水，倒入藜麦，中火加热。烧开后转小火，焖煮15～20分钟，至锅中水分被完全吸收。
（2）煮藜麦的同时，清洗豆子并用笊篱捞出、沥干水分。准备洋蓟菜心、小西红柿和红洋葱。
（3）准备调料，将橄榄油、青柠汁、蒜末、孜然、辣椒粉和盐放到小碗里，搅拌均匀。
（4）将藜麦煮好之后，盛到大碗里，用叉子拨松散。将豆子、洋蓟菜心、小西红柿、红洋葱和开心果拌入藜麦中。淋上调料，静置5分钟，待充分入味后即可食用。

午餐6：玉米牛油果沙拉

原材料（4人份）

1份1/2杯的玉米粒
1个牛油果（切成小丁）
1/2杯红洋葱（切成薄片）
3汤匙特级初榨橄榄油
1汤匙香醋
2个墨西哥辣椒（去籽、切碎）
1/2杯香菜叶（切成段）
1/2茶匙孜然
1/2茶匙盐

准备工作

（1）将玉米粒、牛油果、红洋葱和墨西哥辣椒放入大碗中搅拌均匀。
（2）将橄榄油、香醋、孜然和盐放到一个小碗里，搅拌均匀。将调料汁倒入盛有玉米粒和牛油果的大碗中，放入香菜叶，轻轻搅拌。室温下静置30分钟，充分入味后即可食用。

配料：沙拉基础油醋汁

如果想增加纤维摄入量，就多吃沙拉吧。我们可以通过加入不同的绿叶菜或者任何其他自己喜欢的蔬菜让沙拉变得更加美味，还可以添加一些葵花子或者其他坚果碎。瓶装的沙拉酱通常含有糖和其他不健康的成分，所以建议自己制作，让我们从这个基础油醋汁制作开始吧。

原材料（1 人份）

3 汤匙意大利黑醋、红酒或苹果醋

1 瓣大蒜（切碎）

1 茶匙第戎芥末酱或颗粒芥末酱

1 茶匙粗粒盐

1/2 茶匙黑胡椒

3/4 杯特级初榨橄榄油

准备工作

将所有原材料放入带盖的品脱瓶中，充分摇匀，然后盖好盖子，再放入冰箱。食用前，先将油醋汁取出放至室温。

蔬菜配菜 1：柠檬味西洋菜薹[①]配白豆

西洋菜薹又称芥蓝，生吃略苦，煮熟后味道鲜美。

原材料（4 人份）

1 磅西洋菜薹	1 汤匙帕尔玛干酪碎
2 汤匙特级初榨橄榄油	1/2 茶匙红辣椒片
1 个柠檬（切成特别薄的薄片）	1/2 茶匙盐
1 瓣大蒜（切成蒜末）	1/2 杯水

1 份 1 盎司一罐的意大利白豆或海军豆（洗净并沥干水分）

准备工作

（1）将西洋菜薹切成 4 英寸长的小段，其中较粗的菜茎对半切开，以保证菜叶和菜茎可以同时炒熟。

（2）在长柄煎锅中倒入橄榄油，中火加热。将柠檬片放入锅中，煎 2 分钟后翻面再煎 2 分钟。加入西洋菜薹和蒜末继续翻炒 5 分钟，至所有的西洋菜薹变成明亮的绿色并变软。

（3）加入豆子、红辣椒片、盐和 1/2 杯水。烧开后转小火煮大约 5 分钟，偶尔搅拌直到锅中的水只剩一半。拌入帕尔玛干酪碎。

蔬菜配菜 2：烤姜黄鹰嘴豆

这是我最喜欢的配菜之一，含有丰富的膳食纤维和益生菌。

---

① 西洋菜薹（broccoli rabe）：味道有点儿苦，气味浓，似芥菜，营养丰富。——译者注

原材料（4 人份）

2 份 15 盎司一罐的鹰嘴豆

3 汤匙特级初榨橄榄油

1 茶匙姜黄粉

1 茶匙茴香籽

1/2 茶匙盐

1/2 茶匙黑胡椒粉

1/2 杯原味脱脂希腊酸奶

4 汤匙柠檬汁

1 茶匙红辣椒片（可放可不放）

准备工作

（1）将烤箱预热至 200℃。将鹰嘴豆洗净并用笊篱沥干水分，平铺在毛巾上晾干。

（2）将橄榄油、姜黄粉、茴香籽、盐和黑胡椒粉放到一个中等大小的碗里，搅拌均匀。

（3）加入鹰嘴豆并搅拌均匀。

（4）将搅拌好的鹰嘴豆单层平铺在不粘烤盘或烘焙盘中，烤 20 ～ 30 分钟至鹰嘴豆表面金黄，吃起来有松脆感。

（5）将烤盘取出，晾凉。将鹰嘴豆倒入一个中等大小的碗中，加入酸奶、柠檬汁和红辣椒片（按照个人喜好），搅拌均匀。

蔬菜配菜 3：烤红薯甜椒

原材料（4 人份）

2 个大红薯

1 个大红甜椒

2 茶匙干百里香

2 茶匙烟熏辣椒粉

1 个大绿柿子椒

1 个中等大小的红洋葱

2 汤匙特级初榨橄榄油

1 茶匙红辣椒片

1 茶匙盐

准备工作

（1）将烤箱预热至 210℃。

（2）将红薯去皮，切成一英寸大小的块。将甜椒、绿柿子椒去籽，切成薄片。把红洋葱切成 1 英寸大小的块。

（3）在一个中等大小的碗中倒入橄榄油。加入百里香、辣椒粉、红辣椒片和盐，搅拌均匀。加入红薯、红甜椒、绿柿子椒和红洋葱，搅拌均匀。

（4）将蔬菜平铺在烤盘中烤 15 分钟。用铲子将菜翻面，再烤 15 分钟至红薯呈浅棕色并变软。

蔬菜配菜 4：炖孜然胡萝卜

原材料（4 人份）

1 磅胡萝卜

1 茶匙孜然

1/2 茶匙盐

1 茶匙糖

1 瓣大蒜（切成蒜末）

1/4 杯特级初榨橄榄油

1 杯橙汁

2 汤匙切碎的香菜

1 茶匙柠檬汁

准备工作

（1）将胡萝卜去皮，切成 1/2 英寸的胡萝卜片。

（2）将孜然、蒜末、橄榄油、橙汁、盐和糖放入一个中等大小的平底锅中，中火煮沸并不断搅拌。

（3）加入胡萝卜片，盖上锅盖，小火慢炖约 30 分钟，至胡萝卜片变得非常软，其间偶尔搅拌。加入香菜和柠檬汁，即可出锅。

蔬菜配菜 5：烤红薯条

这是一道非常简单、美味又健康的配菜。

原材料（4 人份）

4 个大红薯

2 汤匙特级初榨橄榄油

1 茶匙蒜粉

1 茶匙辣椒粉

1 茶匙海盐

1/2 茶匙黑胡椒

准备工作

（1）将烤箱预热至 210℃。

（2）将红薯去皮，切成 1/2 英寸宽、3 英寸长的红薯条。剩下的小红薯块和切好的红薯条一起烤。

（3）在一个中等大小的碗中倒入橄榄油、蒜粉、辣椒粉、盐和黑胡椒粉，搅拌均匀。将切好的红薯条和小红薯块倒入碗中，搅拌均匀。

（4）将搅拌好的红薯平铺到不粘烤盘中（可能需要两个烤盘）。

（5）放入烤箱，烤 15 分钟左右，至红薯底部焦黄酥脆。翻面烤约 10 分钟，至红薯焦黄。

蔬菜配菜 6：烤西葫芦条

烤西葫芦条是代替低膳食纤维炸薯条的绝佳选择。我们也可以用夏季的黄南瓜来代替西葫芦，或者将两者一起烤。

原材料（4 人份）

4 个中等大小的西葫芦	1/2 茶匙紫苏粉
1 杯面包糠	1/2 茶匙红椒片
1/2 杯帕尔玛干酪碎	1/2 茶匙盐

1 茶匙蒜粉
1 茶匙牛至粉
1 茶匙香菜粉
1/2 茶匙黑胡椒
2 个鸡蛋

准备工作

（1）将烤箱预热至 220℃。
（2）将西葫芦纵向切成 4 长条，再将每一个长条切成 2 个长条。
（3）将面包糠、干酪碎、蒜粉、牛至粉、香菜粉、紫苏粉、红椒片、盐和黑胡椒放在盘子里，搅拌均匀。
（4）将鸡蛋打入碗中，搅拌打散。
（5）将西葫芦条裹上蛋液，再裹上一层搅拌均匀的面包糠，放在烤盘中。
（6）烤 15 分钟后翻面再烤 10 分钟，直至西葫芦条表面金黄、酥脆。

蔬菜配菜 7：韩国泡菜

泡菜是韩国最具代表性的、以大白菜为主要原料的发酵食品。它不仅是益生菌的优质来源，还是益生元的优质来源。泡菜可以在冰箱中保存三四个月，因此我们可以每次多做一些。韩国泡菜的辣味源自大量的韩国红辣椒粉。如果我们找不到这种辣椒粉，可以使用阿勒颇红辣椒粉来代替，但不要使用超市里的普通红辣椒粉。我们还需要一个带盖的容量为 1 夸脱[①]的瓶子，用来发酵泡菜。任何一个自带螺丝盖的玻璃罐都可以，比如梅森罐。

① 夸脱（quart）：容量单位，主要在英国、美国及爱尔兰使用。美国分干量夸脱及湿量夸脱。1 湿量夸脱 =0.946 升，1 干量夸脱 =1.101 升；英制 1 夸脱 =1.1365 升。——译者注

原材料（1 夸脱）

1 个中等大小的大白菜

1/4 杯粗粒盐

6 瓣大蒜（切碎）

2 茶匙生姜碎

2 汤匙水

1 ～ 5 汤匙韩国红椒粉

1 个白萝卜（去皮，纵向切成两半，再切成薄片）

4 根葱（切成 1 英寸长的小段）

准备工作

（1）将白菜纵向切成 4 份，去掉根蒂，再横向切成 2 英寸宽的长条。

（2）将切好的白菜放到一个大的搅拌碗中，撒上盐。用双手揉搓，使每片白菜都充分接触盐。加入冷水，使水刚好没过白菜。在白菜上面压一个盘子，再用重物压在盘子上，把白菜压实。静置 1 ～ 2 小时。注意：白菜会出很多水。

（3）把腌好的白菜捞出，沥水，尽可能地把水压干。在白菜沥水的同时，可以准备要放的红椒粉。在刚才腌白菜的大碗中，加入蒜末、生姜碎和 2 汤匙水，并搅拌成糊状。按个人口味加入红椒粉，并再次搅拌。加入沥干的白菜、萝卜和葱，充分混合，使每片菜叶都沾满调料。

（4）将泡菜放入泡菜罐中，压实，挤出其中的空气。瓶口要留有 1 英寸的距离。盖上盖子，不要拧紧，把罐子放在一个盘子上，盛接泡菜发酵时溢出的盐水。把罐子密封好，放到阴凉、避光的地方。每天查看一下。随着泡菜逐步发酵，我们可以看到盐水中会有小气泡出现，闻到刺鼻的味道，这是因为有些气体会溢出泡菜罐。如果有必要，把菜向下压一下，使其完全浸入盐水中。我们会看到水上面浮有一层薄薄的白色薄膜，这是由一种被称为产膜酵母（kahm）的酵母菌大量繁殖生长形成的，是发酵过程中正常的现象，只需要把白膜撇掉并确保所有的蔬菜都浸在盐水中。

（5）泡菜腌渍几天后可以品尝一下，看看味道是否符合我们的口味，并将其放进冰箱冷藏。一般冷藏一周之后泡菜的口味会更佳。泡菜至少可以存放 3 个月。

蔬菜配菜 8：泡菜菜花米饭

菜花米饭很常见，我们可以在任何一家超市找到冷冻的菜花米饭。它是传统米饭的很好的替代品，也是很好的益生元来源。如果想自己做，我们可以使用擦菜板或者食物处理器将菜花的头部擦成像米饭一样的颗粒。菜花米饭很容易做熟，并且在做之前不需要解冻。不管是食用新鲜的还是冷冻的菜花米饭，都要热透。这是一个基础食谱，我们可以替换或者添加别的蔬菜，如胡萝卜碎、小朵的西蓝花或者毛豆。如果我们没有或者不喜欢菜花米饭，可以用 3 杯糙米饭代替。

原材料（4 人份）

1 汤匙冷榨花生油或葡萄籽油

2 瓣大蒜（切成末）

1 杯泡菜

3 个鸡蛋（打散）

1/2 杯冻豌豆

2 汤匙酱油

3 杯菜花米饭或糙米饭

适量其他蔬菜

准备工作

（1）在平底煎锅中倒入油，中火加热。加入蒜末炒1～2分钟，然后加入泡菜、豌豆、其他蔬菜和酱油。继续炒3分钟，其间偶尔翻炒一下。

（2）加入菜花米饭，翻炒1分钟。将锅中的菜花米饭拨到煎锅四周，在中间倒入打散的鸡蛋，炒1～2分钟，然后用铲子将鸡蛋翻炒一下，拌入菜花米饭中。

为了我们赖以生存的地球和自身的健康，请谨慎选择鱼类和海鲜。尽量选择符合海洋管理委员会[①]可持续发展标准的野生鱼类产品，或者带有蒙特利湾水族馆海鲜观察计划[②]的绿色标志的产品。对于养殖类的鱼虾产品，我们要选择那些可信赖的养殖商。不要被标有“有机”的养殖鱼类和海鲜所迷惑。到目前为止，美国农业部还没有建立水产养殖的有机标准。

海鲜1：味噌三文鱼

所有冷水鱼，都含有丰富的ω-3脂肪酸，包括三文鱼。三文鱼配上炒小白菜或者脆豌豆和糙米一起吃，可以为我们提供丰富的膳食纤维。味噌是一种由大豆发酵而成的咸味酱，含有丰富的益生菌。正是味噌为日本料理增添了浓浓的鲜味。

① 海洋管理委员会（Marine Stewardship Council，MSC）：目前是一个独立的、非营利性质的组织，总部在英国的伦敦、美国的西雅图以及澳大利亚的悉尼。1997年世界自然基金会（WWF）和联合利华联合发起海洋管理委员会，于2000年3月1日正式成立，鼓励可持续发展的水产业。——译者注

② 蒙特利湾水族馆海鲜观察计划（Monterey Bay Aquarium Seafood Watch Program）：1999年，蒙特利湾水族馆发布海鲜观察（Seafood Watch），蒙特利湾水族馆的海鲜观察是目前全球影响力最大的海鲜评价体系之一，简而言之，海鲜观察的宗旨是通过独立的科学评估，用消费指南卡片和应用程序的形式教育引导消费者哪些海产品和水产品是以相对生态友好、社会负责的方式捕捞或者养殖的，符合标准的产品带有ASC绿色标志。——译者注

原材料（4 人份）

4 份 6 盎司重的三文鱼片（带皮）	2 汤匙白味噌或黄味噌
1/2 茶匙盐	1 汤匙米酒醋
1/2 茶匙黑胡椒	2 茶匙老抽
4 茶匙枫糖浆或蜂蜜	1 瓣大蒜（切碎）

准备工作

（1）将烤箱加热至 205℃。在烤盘上垫上锡纸或者使用不粘烤盘。

（2）用盐和黑胡椒腌制三文鱼片，并将鱼片放到一个浅碗或者烤盘中。

（3）在一个小碗中加入枫糖浆或蜂蜜、味噌、米酒醋、老抽和蒜末，并搅拌均匀。将调好的酱汁倒在三文鱼片上，腌制 10 分钟。

（4）将三文鱼片带鱼皮的一面朝下放在烤盘上，烤 12 分钟左右，至三文鱼变色并且呈片状。

海鲜 2：茴香鱼串

这个菜谱适用于肉质比较紧实的鱼类，如三文鱼、太平洋鳕鱼或北极红点鲑鱼。球茎茴香是膳食纤维的优质来源。这个菜谱需要金属烤串，你可以把它们串起来放在烤架上。我喜欢让厨房的厨具尽量简洁，所以会把所有原材料平铺在烤盘上直接烤。

原材料（4 人份）

4 份 6 盎司的鱼肉
1 个大的球茎茴香
2 个柠檬
1 个中等大小的红洋葱
2 瓣大蒜（切碎）
3 茶匙红辣椒片
4 汤匙橄榄油
1 茶匙盐
适量黑胡椒

准备工作

（1）把鱼肉切成 1 口大小的块，放到一个大的搅拌碗中。
（2）把球茎茴香去掉硬硬的肉核，然后切成一口大小的块，放入盛鱼块的搅拌碗中。
（3）将柠檬切成薄片，红洋葱切成 4 份，剥开。把柠檬片和红洋葱片放到搅拌碗中，加入蒜末、红辣椒片、橄榄油和盐，多放点儿黑胡椒。轻轻搅拌，使鱼块和茴香块都均匀地沾上调料。
（4）将烤箱预热至 160℃。
（5）使用金属烤串，交替穿入鱼块、茴香块、柠檬和红洋葱，直到配好的调料都用一遍。把烤串儿放到烤盘或者烘焙盘上烤 6 分钟，如果鱼肉没有变成片状，需要再烤 2 分钟。

海鲜 3：鱼肉卷饼配杧果莎莎[①]

建议使用片状鱼肉如罗非鱼、太平洋鳕鱼或者鳕鱼来做这款简单的鱼肉卷饼。

① 莎莎（salsa）：最早指的是一种带有辣味的番茄酱料，不过，也不是所有的莎莎酱都是那种“酱酱”的感觉，人们有时也会用水果做成各种莎莎来配烧烤过的肉类或者虾类。——译者注

原材料 1（腌制鱼肉）（4 人份）

1 茶匙孜然

1 茶匙烟熏辣椒粉

1/2 茶匙红辣椒粉

1 茶匙盐

4 份 6 盎司的鱼片

1 汤匙青柠汁

2 汤匙特级初榨橄榄油

原材料 2（杧果莎莎）（4 人份）

1 个大杧果（切成小块）

2 汤匙切成丁的红洋葱

1 汤匙切碎的香菜

1 个墨西哥辣椒（去籽，切成丁）

1 汤匙青柠汁

1/2 茶匙盐

原材料 3（玉米卷浇头）（4 人份）

12 个玉米卷

1 杯切成薄片的紫甘蓝或者甘蓝

2 个牛油果（切成薄片）

准备工作

（1）将烤箱预热至 190℃。

（2）在一个小碗里放入孜然、烟熏辣椒粉、红辣椒粉和盐，搅拌均匀。将鱼片放到调料里揉腌入味。撒上青柠汁，淋上橄榄油。

（3）将鱼片放入烤盘，烤 10 分钟至鱼片成松散的片状。

（4）烤鱼的同时，做杧果莎莎。将杧果、墨西哥辣椒、红洋葱、香菜、青柠汁和盐放到碗里，轻轻搅拌。

（5）在鱼片和杧果莎莎做好之后，开始做玉米饼。先将 1/3 的鱼片放在一张玉米饼上，然后在上面放上紫甘蓝、牛油果和杧果莎莎，再放上剩余的鱼片。

主菜 1：菜花炒豆腐

原材料（4 人份）

12 盎司老豆腐
3 汤匙玉米淀粉
1 杯鸡汤（或者蔬菜汤）
3 汤匙酱油
1 汤匙米醋
2 茶匙海鲜酱
1/2 茶匙红辣椒片
1 汤匙半番茄酱
2 汤匙冷榨花生油
3 杯菜花
2 根芹菜（斜切成薄片）
6 瓣大蒜（切成薄片）
1/2 杯葱花

准备工作

（1）将老豆腐沥干水分，切成 1 英寸左右的块。用纸巾吸干水分。将 1 汤匙半玉米淀粉放到一个浅盘子中，把豆腐裹上淀粉。
（2）在一个小碗中放入 1 汤匙半玉米淀粉和 1/4 杯鸡汤，搅拌均匀。加入剩余的鸡汤、酱油、米醋、海鲜酱、红辣椒片和番茄酱，并搅拌均匀。
（3）在一个大的平底锅中倒入花生油，大火加热。倒入豆腐，煎至表面金黄松脆（大约需要 6 分钟），然后将豆腐盛到盘子里。
（4）将菜花倒入锅中，不断翻炒 3 分钟，或者炒至菜花上有浅褐色的斑点。加入芹菜和大蒜继续翻炒 2 分钟；然后倒入玉米淀粉糊，翻炒，不断搅拌至汤汁浓稠；再倒入豆腐，小心翻炒 1 分钟至豆腐热透；最后，撒上葱花即可出锅。

主菜 2：茄子比萨

最好选用大茄子来做。大茄子的表皮较硬，建议去掉茄子皮。

原材料（4 人份）

1 个大茄子（大约 10 英寸长）
适量粗粒盐
2 汤匙特级初榨橄榄油
1/2 杯奶油番茄酱
1/2 杯罗勒叶（切成大块）
1 茶匙红辣椒片
4 盎司帕尔玛干酪碎
4 盎司马苏里拉奶酪碎

准备工作

（1）将茄子横着切成 1/2 英寸厚的圆片，放在双层厚的纸巾上，撒上盐，腌制 30 分钟，腌出水分后冲洗干净，沥干。
（2）将烤箱预热至 190℃。
（3）在茄片两面均刷上橄榄油，再将其排放在不粘烤盘上，烤 15～20 分钟。
（4）将茄片从烤箱中取出，在每个茄片上涂番茄酱，然后撒上罗勒叶和红辣椒片，再撒上帕尔玛干酪碎和马苏里拉奶酪碎。
（5）把茄片放进烤箱，烤 5～10 分钟至马苏里拉奶酪碎融化并且呈浅棕色。

主菜 3：辣椒火鸡

辣椒火鸡是我们一家人的最爱。多放点儿墨西哥辣椒，辣点儿吃着更过瘾。如果爱喝汤，可以加些水、鸡汤及西红柿片。我喜欢一次多做些，可以将其冷冻起来，下次吃。

原材料（4 人份）

1 汤匙特级初榨橄榄油
1 磅绞碎的火鸡肉
1 杯洋葱丁
1 汤匙蒜末
1 个大的红甜椒（去籽，切成大块）
1 个墨西哥辣椒（去籽，切成大块）
2 茶匙干牛至
1 片桂叶
1 汤匙辣椒粉
1 茶匙孜然
1 份 15 盎司 1 罐的西红柿丁
1 茶匙盐
1/2 茶匙黑胡椒
1 份 15 盎司 1 罐的红芸豆或拌豆（冲洗干净，并沥干）

准备工作

（1）平底锅中倒入橄榄油，大火加热，倒入火鸡肉翻炒 5 分钟，不断搅拌使肉块分开，至肉块呈浅棕色。
（2）加入洋葱丁、蒜末、红甜椒、墨西哥辣椒、干牛至、桂叶、辣椒粉和孜然。搅拌均匀，再翻炒 5 分钟。
（3）加入西红柿丁、盐和黑胡椒。煮沸，然后调小火煮约 15 分钟，偶尔翻拌一下。如果水快干了或者喜欢喝汤，可以少加点儿水。
（4）加入豆子继续煮 10 分钟，即可出锅。

主菜 4：蘑菇瑞士甜菜意面

我们可以只用一个锅就做出一款很棒的意大利面。瑞士甜菜含有丰富的膳食纤维、维生素 A、维生素 K 和多种矿物质，如铁和钾。如果使用小贝拉蘑菇（也叫香啡菇），大约需要 4 盎司。如果我们想来点儿不一样的，可以使用其他任何一种蘑菇（如白蘑菇或香菇），大约需要 250 克。

原材料（4 人份）

4 盎司小贝拉蘑菇

12 盎司瑞士甜菜

6 汤匙无盐黄油

4 瓣大蒜（切碎）

1/2 杯帕尔玛干酪碎

8 盎司全麦意面

3 杯半鸡汤或蔬菜汤

1/2 茶匙盐

1/2 茶匙黑胡椒

准备工作

（1）将小贝拉蘑菇的茎去掉，留下蘑菇头。将蘑菇头对半切开，如果使用其他蘑菇，要切成小贝拉蘑菇一半的大小。修剪甜菜的茎，把甜菜叶撕碎。

（2）在一个大的炖锅中倒入 4 汤匙黄油，中火加热使黄油融化，不停搅拌直到黄油开始冒泡。继续加热 5 分钟至黄油开始变成褐色。关火，把黄油倒入碗中。

（3）锅中放入剩余的黄油，中火加热。黄油融化后，加入蘑菇、大蒜翻炒 6 ～ 8 分钟，直至蘑菇变软并且开始变色。然后加入意面、甜菜、鸡汤、盐和黑胡椒，煮沸后调成中小火，再盖上锅盖炖 10 分钟左右，时不时搅拌一下，直到意面变得劲道。注意：锅底留点儿汤也没有关系。

（4）关火，加入黄油和帕尔玛干酪碎。

主菜 5：核桃香蒜酱意面配青菜

这道菜会用到芝麻菜和菠菜，或者只用其中一种，或者用瑞士甜菜代替菠菜。

原材料（4 人份）

1 盒全麦意大利细面条

3/4 杯核桃

3 瓣大蒜

2 杯半罗勒

3/4 杯帕尔玛干酪碎

1/4 杯特级初榨橄榄油

适量盐

适量黑胡椒

3 杯撕碎的芝麻菜叶和菠菜叶

1 杯半樱桃西红柿或葡萄西红柿（对半切开）

准备工作

（1）锅中加水煮沸，加入全麦意大利细面条（即意面），煮 7 ～ 8 分钟至意面有嚼劲儿。

（2）在煮意面的同时，做香蒜酱。将核桃和大蒜放到食物料理机中碎 30 秒，然后加入罗勒和帕尔玛干酪碎，再碎 30 秒。在打碎的同时，慢慢淋入橄榄油，直至蒜末变得光滑。加入盐和黑胡椒调味。

（3）意面煮好之后，用笊篱捞出，沥干，留一杯煮面水备用，将其余水倒掉后将意面倒回锅中。拌入芝麻菜叶和菠菜叶，烫的意面会让芝麻菜叶和菠菜叶变蔫。加入已经切好的西红柿。拌入香蒜酱，如果觉得面太干，加一些预留的煮面水。最后加一些盐和黑胡椒调味。

主菜 6：豆子肉酱西葫芦 / 黄南瓜面

这道菜中的面条是切成螺旋状的或者丝状的西葫芦或者黄南瓜。这款面条可以不煮，但是我觉得煮一煮味道更佳。

原材料（4 人份）

2 个中等大小的西葫芦（或黄南瓜）

2 汤匙特级初榨橄榄油

1 个小洋葱（切碎）

1/2 杯胡萝卜丁

1/4 杯芹菜丁

4 瓣大蒜（切碎）

1/2 杯帕尔玛干酪碎

1/2 茶匙盐

1 份 14 盎司的西红柿丁罐头

1 茶匙干牛至

1/2 茶匙红辣椒片

1/4 杯切碎的香菜

1 份 15 盎司的白豆罐头（洗净并沥干）

准备工作

（1）把西葫芦（或黄南瓜）削成螺旋状或者用擦子把西葫芦（或黄南瓜）擦成细条。锅中加水，煮开。

（2）深平底锅中倒入橄榄油，中火加热。加入洋葱、胡萝卜丁、芹菜丁、蒜末和盐。中火翻炒 10 分钟左右，至胡萝卜丁变软。加入西红柿丁、干牛至、红辣椒片和香菜。慢炖 6 分钟左右，不断搅拌直到汤汁浓稠。

(3) 加入白豆转小火。慢炖 3 分钟左右，不断搅拌直到白豆热透。

(4) 将白豆倒入汤汁中后，把西葫芦或黄南瓜面条放至煮开的锅中煮3分钟，用笊篱捞出并沥干水分，分别盛到 4 个碗中。

(5) 把汤汁浇到面条上，放上帕尔玛干酪碎。

儿童餐 1：番茄马苏里拉奶酪菜花比萨

我们也可以做更健康的传统菜花比萨，但是，真到孩子们饿了的时候，没有时间做这些怎么办呢？冷冻菜花比萨可以帮忙。如果西红柿是应季的，可以用带籽的西红柿丁来代替番茄酱。

原材料（4 人份）

1 份冷冻西蓝花比萨

1 杯半马苏里拉奶酪碎

1/2 杯番茄酱

1/4 杯罗勒叶（撕碎）

1/2 茶匙红辣椒片

准备工作

(1) 将烤箱预热至 220℃。

(2) 把去掉包装的冷冻西蓝花比萨放到烤盘上，比萨不需要提前解冻。

(3) 在比萨上撒上 5/4 杯马苏里拉奶酪碎，抹上番茄酱（注意：比萨的边缘也都要抹上番茄酱），然后撒上撕碎的罗勒叶和红辣椒片，最后撒上剩余的马苏里拉奶酪碎。

(4) 将比萨放入烤箱，烤 12 ～ 15 分钟，至马苏里拉奶酪碎变成金黄色、饼皮松脆。

儿童餐 2：健康鸡肉块

孩子们都喜欢吃鸡块，但是大部分的快餐和冷冻鸡块里都含有很多不健康的食品添加剂、过量的盐和饱和脂肪酸。试试这个家庭自制版本的鸡肉块，它一定更健康。省时小提示：可以把一些西蓝花放到烤盘里，并淋上一些橄榄油，撒些盐，和鸡肉块一起烤。约 40 分钟，西蓝花和鸡块都能烤好。

原材料（4 人份）

1 磅去骨鸡胸肉

1/2 茶匙大蒜粉

1/2 杯杏仁粉

1/2 茶匙黑胡椒

1/2 茶匙辣椒粉

2 个鸡蛋

适量盐

准备工作

（1）将烤箱预热至 190℃。在烤盘上放上烤架。

（2）将鸡胸肉切成 1/2 英寸宽的长条。

（3）将杏仁粉、辣椒粉、大蒜粉、盐和黑胡椒倒入一个中等大小的碗中，搅拌均匀。

（4）将鸡蛋打到一个浅盘子中。

（5）将鸡胸肉裹上蛋液，然后裹上一层拌好的杏仁粉调料，再将鸡胸肉放到烤架上。

（6）先烤 10 分钟，然后将鸡胸肉翻面，再烤 5 ～ 10 分钟，至鸡胸肉呈褐色并酥脆。

儿童餐 3：鹰嘴豆意面

使用希腊酸奶会让这款美食变得更加健康。鹰嘴豆意面的蛋白质含量是普通意面的两倍，膳食纤维含量是普通意面的三倍，并且其中不含麸质。在煮鹰嘴豆意面时，水上有些浮沫是很正常的。可以在意面煮好后将其冲洗一下，然后再食用。

原材料（4 人份）

1 磅鹰嘴豆空心面

2 汤匙无盐黄油

2 汤匙面粉

1 茶匙盐

2 汤匙面包糠

1/4 茶匙黑胡椒

2 杯牛奶

1 杯半切达奶酪碎

3/4 杯原味脱脂希腊酸奶

准备工作

（1）将烤箱预热至 230℃。

（2）锅里加水煮开，放入意面煮至面变得劲道（注意不要将面煮得太软）。将意面用笊篱捞出并过冷水。

（3）深平底锅中加入黄油，中火融化。撒上面粉、盐和黑胡椒，搅拌成光滑的面糊。

（4）分 8 次倒入牛奶，持续搅拌直到面糊变得浓稠。注意：不要将面糊煮沸。

（5）撒上奶酪碎后继续搅拌，直到奶酪碎融化、汤汁变浓稠，然后加入酸奶搅拌均匀，最后加入意面轻轻搅拌，直到所有意面都裹上汤汁。

（6）将锅中意面倒入一个 8 英寸 ×8 英寸的烤盘或者一个 2 夸脱大的烤盘中，铺匀。上面撒上面包糠。

（7）烤 15 分钟，至意面表面的面包糠变得金黄。

儿童餐 4：火鸡汉堡

火鸡汉堡是牛肉汉堡的瘦身替代品，味道更加清淡。不要犹豫是否要给这个基础菜加点儿调料，辣椒粉效果很好，辣的卡真调料[①]效果也不错。我们可以把菜谱里的食材翻倍，把多余的肉饼放进冰箱冷冻 2 小时，然后放到密封容器中，在下次食用前先解冻。

原材料（4 人份）

1 磅绞碎的火鸡肉	2 茶匙大蒜粉
1/4 杯面包糠	2 茶匙干香菜
1 个洋葱（切碎）	1/2 茶匙盐
1 根葱（切碎）	1/4 茶匙黑胡椒
1 个鸡蛋	

① 卡真调料（cajun seasoning）：加拿大、西南美洲的一种法系调料，特色是香浓清淡。——译者注

准备工作

（1）将火鸡肉、面包糠、洋葱、葱、鸡蛋、大蒜粉、干香菜、盐和黑胡椒倒在一个大碗里，搅拌均匀。盖上盖子，放入冰箱冷藏 1 小时或者更长时间。

（2）将烤箱预热至 205℃。

（3）将冷却后的火鸡肉均分为 4 个肉饼，放在烤盘上。

（4）烤 30 分钟，至肉饼中间不再呈粉色，鸡肉熟透。

当我的患者需要在饮食中增加更多的膳食纤维时，我会建议他们把曲奇、薯条等低营养的零食换成更健康的小吃：煮熟的毛豆，任何种类的坚果如葵花子和南瓜子，水果干如杏干、葡萄干、杧果干和菠萝干（选无糖的），海苔也可以。我们也可以尝试用鹰嘴豆泥或者莎莎作为蔬菜棒的蘸酱。

小吃 1：杏仁葡萄干能量棒

我儿子喜欢把这个能量棒作为他们越野训练前的零食。

原材料（6 人份）

3/4 杯葡萄干

11/4 杯快熟燕麦（不要用速溶燕麦）

1 茶匙肉桂

1/2 杯有机花生酱（或杏仁酱）

1 茶匙香草精

1/4 杯蜂蜜

准备工作

（1）碗中放入葡萄干、燕麦和肉桂，混合均匀。加入花生酱（或杏仁酱）、香草精、蜂蜜，搅拌均匀。盖上盖子，放入冰箱冷藏 1 小时。

（2）将冷却后的燕麦泥揉成球状或者长条。如果有剩余，请将其放入冰箱冷藏。

小吃 2：微波炉爆米花

超市里的袋装爆米花添加有化学成分，我们最好不要吃。用下面这个极其简单的方法自制吧。可以在爆米花上撒上盐和黄油，想要尝试不同口味，可以撒上帕尔玛干酪碎、磨碎的柠檬皮、辣椒粉、大蒜粉和咖喱粉，这都是不错的选择。如果还不满意，可以试试放无糖的可可粉、肉桂粉，或者两者都放。

原材料

1/4 杯爆米花玉米粒	适量调料

准备工作

（1）将玉米粒放到一个牛皮纸做的三明治袋子中。将袋子沿开口处折叠 2～3 次，然后将折叠面朝下，放进微波炉。

（2）调到微波炉的爆米花模式。

（3）爆好后打开微波炉，将爆米花倒入碗中，撒上调料。

小吃 3：烤车前草香蕉[①]片

香蕉片是很好的薯片替代品，既有脆脆的口感，又含有丰富的益生元。可搭配牛油果酱或莎莎食用。可装在密闭容器中保存。

原材料（3 杯）

2 个大的绿色车前草香蕉

1/2 茶匙盐

2 汤匙牛油果油或葡萄籽油

适量磨碎的柠檬皮

准备工作

（1）烤箱预热至 190℃。

（2）将香蕉去皮，切成尽可能薄的圆片（可用果蔬刨将香蕉刨成薄片）。将香蕉片放入碗中，加油和盐后轻轻搅拌，使表面沾上油。

（3）将香蕉片单层摆放在烤盘中，先烤 18 分钟，如果香蕉片不松脆，没有变成金黄色，再烤 5 分钟。

（4）取出烤盘，撒适量盐和柠檬皮，晾凉后即可食用。

小吃 4：菠菜洋蓟蘸酱

没有什么比这个经典的蘸酱更能让我们获得菠菜和洋蓟中丰富的益生元了，我们可以通过调整配方使口味清淡或者浓郁一些。这个蘸酱需要用罐装的洋蓟心，它也可以用冷冻洋蓟心来替代。蘸酱可以在冰箱里冷藏保存 3 天。

原材料（3 杯）

10 盎司冷冻菠菜（解冻，并沥干水分）

1/2 杯马苏里拉奶酪碎

① 车前草香蕉（plantain）：一种淀粉类香蕉，比普通香蕉长，颜色偏暗。——译者注

1 份 8 盎司的包装好的低脂奶油奶酪
1 杯原味脱脂希腊酸奶
1/2 杯罐装洋蓟心（沥干，切碎）
1/4 杯帕尔玛干酪碎
3 瓣大蒜（切碎）
1/4 茶匙红辣椒片
1 茶匙柠檬汁
1/2 茶匙粗粒盐

准备工作

（1）将烤箱预热至 175℃。在 1 夸脱的烤盘上刷油。
（2）将解冻后的菠菜放在粗棉布或者干净的厨房毛巾上，挤出多余的水分。
（3）在一个大的搅拌碗中，放入奶油奶酪和酸奶，并搅拌至均匀顺滑。
（4）加入菠菜、洋蓟心、帕尔玛干酪碎、马苏里拉奶酪碎、大蒜、红辣椒片、柠檬汁和盐，继续搅拌，直至所有食材混合均匀。
（5）将混合好的蘸料倒入刷过油的烤盘中，烤 20 ～ 25 分钟至蘸料表面呈浅棕色。

小吃 5：牛油果酱

牛油果酱配车前草香蕉片或蔬菜条，是一种能快速补充能量的小吃，所以我习惯在冰箱里存放一些。将果酱放在密闭容器中，并把表面弄顺滑以防止牛油果酱变成褐色。在容器中慢慢倒入冷水使之刚好能够覆盖果酱表面，盖上盖子，放进冰箱。食用前，先将水倒掉，然后搅拌一下。

原材料（3 杯）

3 个中等大小、成熟的牛油果
1/4 杯切碎的红洋葱
1/4 杯切碎的香菜
1/2 茶匙粗粒盐

1 个墨西哥辣椒（去籽，并切碎）　　1 汤匙青柠汁

准备工作

将牛油果对半切开，去掉核。把果肉挖出，放入一个中等大小的碗中。加入红洋葱、墨西哥辣椒、香菜和盐，并轻轻搅拌，再加入青柠汁，搅拌均匀。

小吃 6：鹰嘴豆泥

我的食品柜中总是会放一些罐装的鹰嘴豆。鹰嘴豆是非常好的益生元来源，可以直接食用，也可以搭配蔬菜条，或者用来烤皮塔饼等做快捷午餐，或者用鹰嘴豆泥来代替三明治里的蛋黄酱。在准备豆泥时，要记得提前将芝麻酱从冰箱里取出，放至室温再开始做。

原材料（2 杯）

1 份 15 盎司一罐的鹰嘴豆（洗净并沥干）　1 瓣大蒜（切碎）

6 汤匙芝麻酱　1 茶匙粗粒盐

6 汤匙水　1/2 茶匙孜然

2 汤匙柠檬汁

准备工作

（1）把鹰嘴豆放入 1 加仑（约 3.8 升）大小的带拉链的塑料袋中，将袋子平铺在台面上，用擀面杖将鹰嘴豆擀成粗粒。或者，用破壁机将鹰嘴豆打成颗粒状。

（2）将芝麻酱、水、柠檬汁、大蒜、盐和孜然放到碗中，搅拌均匀。加入鹰嘴豆，继续搅拌，直至所有食材都搅拌均匀。将拌好的酱料盛到密闭容器中，然后放入冰箱冷藏，通常可以保存一周。

奶昔 1：蛋白奶昔

运动之后如果时间宽裕，我喜欢给自己做一杯蛋白奶昔。它不仅味道很赞，还能为我提供能量，这是锻炼身体后的健康奖赏——不会花费很长时间，享受乐趣，按照自己的口味随意搭配。我们可以添加一汤匙或者两汤匙奇亚籽、麻子、亚麻籽、南瓜子、椰奶、无糖椰奶片，或者一些切碎的红枣。为了尝试不同的口味，还可以添加一些切碎的生的羽衣甘蓝，还可以试试加入一汤匙可可粒或者不加糖的可可粉。

原材料（1 人份）

1 杯冷冻水果（或 1 根熟香蕉）

3 汤匙花生酱或杏仁酱

1/2 杯原味脱脂希腊酸奶

1/2 ～ 1 杯水、坚果牛奶、燕麦牛奶或橙汁

1 汤匙蜂蜜（可选）

准备工作

将所有食材放入破壁机，高速搅拌 1 分钟至全部变成糊状。如果奶昔没有打好，或者我们觉得口味太重，可以加一些水或者一两块冰。

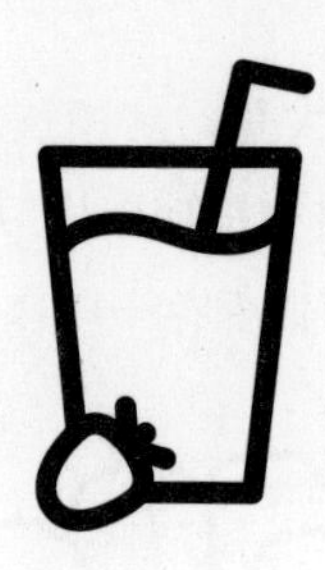

奶昔 2：丝滑奶昔

这是一款制作非常简单、快捷的奶昔，并且对皮肤非常有益。水果可以为我们提供抗氧化剂，酸奶提供益生菌，小麦胚芽提供维生素 E。如果早晨时间紧张，我喜欢来一份这样的便捷早餐。

原材料（1 人份）

1 杯原味脱脂希腊酸奶
1 杯新鲜的或冷冻的蓝莓
1/2 杯新鲜的或冷冻的杧果块
1 汤匙小麦胚芽
3 块冰块

准备工作

将所有食材放入破壁机，搅拌至顺滑。

甜点 1：冻酸奶

健康甜点可以在 10 分钟内制成。随意选用一份冷冻水果，一种或几种水果都可以。

原材料（4 人份）

4 杯冷冻水果	2 茶匙香草精
1/2 杯原味脱脂希腊酸奶	3 汤匙蜂蜜

准备工作

（1）将所有食材放入破壁机中，搅拌至光滑细腻（大约需要 5 分钟或者更短的时间，所需时间取决于冷冻水果的种类和大小）。
（2）立即食用，或者将其放入密闭容器中冷冻保存，食用前需解冻。

甜点 2：蓝莓馅饼

我的冰箱里总有一袋冷冻蓝莓，以便随时制作馅饼。当然，我们也可以使用其他新鲜的或冷冻的浆果来做这款简易甜点。

原材料 1（水果饼坯）（4 ～ 6 人份）

4 杯新鲜的或冷冻的蓝莓

2 汤匙枫糖浆

1 汤匙柠檬汁

1 茶匙香草精

1 汤匙玉米淀粉

原材料 2（馅饼表面配料）（4 ～ 6 人份）

1 杯老式燕麦（不要使用速溶燕麦）

1 杯切碎的核桃、杏仁或山核桃

1 杯杏仁粉

1 茶匙香草精

1/2 茶匙盐

1/2 杯枫糖浆

1/3 杯核桃油或葡萄籽油

准备工作

（1）将烤箱预热至 175℃。

（2）在一个大碗中加入蓝莓、枫糖浆、柠檬汁、香草精和玉米淀粉，并搅拌成均匀的蓝莓淀粉糊。

（3）用勺子将蓝莓淀粉糊舀到 8 英寸 ×8 英寸的烤盘中。

（4）在另一个碗中，倒入燕麦、坚果、杏仁粉和盐，并搅拌均匀。然后加入枫糖浆、油和香草精，搅拌均匀。

（5）将馅饼表面配料撒在蓝莓淀粉糊上。有缝隙也不必担心。烤 40 ～ 45 分钟至馅饼表面金黄。冷却 15 分钟后即可食用。

甜点 3：巧克力慕斯

这是一款制作快捷简单、巧克力口味的自制甜点，也是我最喜欢的自制甜点。

原材料（4 人份）

3/4 杯牛奶（或代乳食品）
3 盎司黑巧克力（切碎）
2 杯原味脱脂希腊酸奶
1 汤匙蜂蜜
1/2 茶匙香草精
适量水果

准备工作

（1）将牛奶和黑巧克力放入平底锅中，中火加热，不停地搅拌直至黑巧克力融化，然后加入蜂蜜和香草精，继续搅拌。
（2）将酸奶倒入碗中，然后将制作好的黑巧克力牛奶浆慢慢倒入碗中。不停地搅拌直至黑巧克力非常顺滑。盖好盖子，放入冰箱冷藏 2 小时。
（3）食用前在上面撒上浆果或者其他水果。

甜点 4：烤香蕉

我经常用香蕉片搭配一些低糖的格兰诺拉燕麦片来做早餐。为了增加营养，我们可以在把香蕉放进烤箱前，撒些核桃碎或者杏仁片。

原材料（1 人份）

1 个中等成熟的香蕉
1/2 汤匙蜂蜜
1/4 茶匙香料（肉桂粉、肉豆蔻或者多香果）

准备工作

（1）将烤箱预热至 205℃。

（2）将香蕉纵向切成两半，放入带盖的烤盘中，淋上蜂蜜，撒上香料。

（3）盖好烤盘，烤 12 分钟。

GUT RENOVATION 参考文献

考虑到环保的因素，也为了节省纸张、降低图书定价，本书编辑制作了电子版的参考书目。扫码查看本书全部参考书目内容。

未来，属于终身学习者

我们正在亲历前所未有的变革——互联网改变了信息传递的方式，指数级技术快速发展并颠覆商业世界，人工智能正在侵占越来越多的人类领地。

面对这些变化，我们需要问自己：未来需要什么样的人才？

答案是，成为终身学习者。终身学习意味着具备全面的知识结构、强大的逻辑思考能力和敏锐的感知力。这是一套能够在不断变化中随时重建、更新认知体系的能力。阅读，无疑是帮助我们整合这些能力的最佳途径。

在充满不确定性的时代，答案并不总是简单地出现在书本之中。“读万卷书”不仅要亲自阅读、广泛阅读，也需要我们深入探索好书的内部世界，让知识不再局限于书本之中。

湛庐阅读 App：与最聪明的人共同进化

我们现在推出全新的湛庐阅读 App，它将成为您在书本之外，践行终身学习的场所。

- 不用考虑“读什么”。这里汇集了湛庐所有纸质书、电子书、有声书和各种阅读服务。
- 可以学习“怎么读”。我们提供包括课程、精读班和讲书在内的全方位阅读解决方案。
- 谁来领读？您能最先了解到作者、译者、专家等大咖的前沿洞见，他们是高质量思想的源泉。
- 与谁共读？您将加入优秀的读者和终身学习者的行列，他们对阅读和学习具有持久的热情和源源不断的动力。

在湛庐阅读App首页，编辑为您精选了经典书目和优质音视频内容，每天早、中、晚更新，满足您不间断的阅读需求。

【特别专题】【主题书单】【人物特写】等原创专栏，提供专业、深度的解读和选书参考，回应社会议题，是您了解湛庐近千位重要作者思想的独家渠道。

在每本图书的详情页，您将通过深度导读栏目【专家视点】【深度访谈】和【书评】读懂、读透一本好书。

通过这个不设限的学习平台，您在任何时间、任何地点都能获得有价值的思想，并通过阅读实现终身学习。我们邀您共建一个与最聪明的人共同进化的社区，使其成为先进思想交汇的聚集地，这正是我们的使命和价值所在。

图书在版编目（CIP）数据

身体的问题，肠知道 /（美）拉施妮·拉杰著；张艳娟译 . — 杭州：浙江科学技术出版社，2023.9（2025.1 重印）

ISBN 978-7-5739-0700-4

Ⅰ . ①身… Ⅱ . ①拉… ②张… Ⅲ . ①肠道微生物—研究 Ⅳ . ① Q939

中国国家版本馆 CIP 数据核字（2023）第 117177 号

书　　名　身体的问题，肠知道
著　　者　[美] 拉施妮·拉杰
译　　者　张艳娟

出版发行　浙江科学技术出版社
地址：杭州市环城北路177号　邮政编码：310006
办公室电话：0571－85176593
销售部电话：0571－85062597
E-mail:zkpress@zkpress.com
印　　刷　唐山富达印务有限公司

开　　本 710 mm×965 mm　1/16		**印　　张** 16.5	
字　　数 215千字			
版　　次 2023 年 9 月第 1 版		**印　　次** 2025 年 1 月第 4 次印刷	
书　　号 ISBN 978-7-5739-0700-4		**定　　价** 109.90 元	

责任编辑　陈淑阳　　**责任美编**　金　晖
责任校对　张　宁　　**责任印务**　田　文